MATH QUIZ

생각의집

Original Title: Blind Date mit zwei Unbekannten.
100 neue Mathe-Rätsel
by Holger Dambeck

뇌를 자극하는
새로운
수학 퀴즈
100

목차 ＋ − × ÷

머리말 · 8

빠르게 풀기 : 준비운동 퀴즈

Q1 물 6리터를 담아라 · 13
Q2 금을 챙겨가야 한다 - 어떻게? · 13
Q3 퍼센트, 퍼센트, 퍼센트 · 14
Q4 토끼 여덟 마리의 달리기 시합 · 14
Q5 없어진 1유로는 어디에 있을까? · 15
Q6 동전으로 사용된 파란 조각과 빨간 조각 · 16
Q7 꼭지가 잘린 피라미드 · 17
Q8 융통성 없는 톰 · 18
Q9 없애야 할 경품권은 모두 몇 개일까? · 18
Q10 이상한 시계 · 19
Q11 퍼즐 조각 하나를 버려야 한다 - 어떤 것? · 20
Q12 포도주 아홉 통을 공평하게 나누는 방법 · 20

아하 : 요령이 필요한 퀴즈

Q13 어떤 숫자가 빠졌을까? · 23
Q14 자리를 잘못 잡은 토끼 · 23
Q15 마술 속임수 · 24
Q16 정사각형을 어떻게 나눌까? · 25
Q17 종이 자르기 · 25
Q18 동전 기술 · 26
Q19 정사각형 풀밭 · 26
Q20 프로들의 집 청소 · 27
Q21 조각 케이크 정돈하기 · 28
Q22 사슬 전체 · 29
Q23 마법의 정사각형 · 30

알려지지 않은, 자연스러운, 합리적인 : 숫자 퀴즈

Q24 셰릴의 아이들은 몇 살일까? • 33
Q25 숫자 마니아 세 사람 • 33
Q26 남동생 몫으로 남은 돈은 얼마인가? • 34
Q27 황소, 말, 1770탈러 • 27
Q28 유스호스텔의 침실 퀴즈 • 36
Q29 여덟자릿수를 찾아라 • 37
Q30 이상한 숫자 추출기 • 37
Q31 빌어먹을 81 • 38
Q32 분수를 알자 • 38
Q33 낯선 사람 세 명이 만나는 블라인드 데이트 • 38
Q34 원숭이 100마리에게 줄 코코넛 1600개 • 39

거짓말쟁이와 난쟁이 : 골치 아픈 논리 퀴즈

Q35 거짓말, 진실, 바이러스 • 41
Q36 누가 도둑인가? • 41
Q37 유부녀 혹은 싱글? •42
Q38 누가 하얀 모자를 썼을까? • 43
Q39 다음에 무엇이 올까? • 43
Q40 모두 거짓일까? • 44
Q41 침묵수도원의 영리한 수도자 • 45
Q42 잘못된 길? • 46
Q43 진실을 밝혀라 • 46
Q44 영리하게 질문하기 • 47
Q45 교차로에 선 산타클로스 • 48

점, 선, 원 : 모든 것이 기하학이다

Q46 삼각형 피라미드 • 50
Q47 이상적 입체도형을 찾아서 • 50
Q48 끈에 묶인 지구 • 51
Q49 다섯 줄로 선 나무 열 그루 • 52

Q50 내부 정사각형의 크기는? • 53
Q51 구르는 동전 • 54
Q52 피자 조각 속의 원 • 54
Q53 한 번에 점 16개 연결하기 • 55
Q54 절단된 정육면체 • 56
Q55 원 여섯 개에 둘러싸여 • 57
Q56 경사진 절단면 • 58

신중하게 깊이 생각하기 : 영리한 전략이 필요한 퀴즈

Q57 책상 위의 동전 100개 • 60
Q58 양을 지켜라 • 60
Q59 쫓기는 왕 • 61
Q60 정확히 100점 채우기 — 어떻게? • 62
Q61 당신의 모자는 무슨 색일까? • 63
Q62 어떤 상자에 어떤 포도주가 들었을까? • 64
Q63 도화선 두 개로 15분 측정하기 • 65
Q64 모든 정사각형을 없애라 • 66
Q65 수학 천재가 가장 좋아하는 퀴즈 • 67
Q66 암호! • 68
Q67 체스 보드 위의 다섯 퀸 • 69

영리한 분배 : 가능성과 확률

Q68 뒤죽박죽 우체국 • 72
Q69 양말 복권 • 73
Q70 주사위 행운 • 74
Q71 트렌치코트 룰렛 • 74
Q72 주사위 대결 • 75
Q73 새 기차역은 몇 개인가? • 75
Q74 일곱 난쟁이, 일곱 침대 • 76
Q75 찌그러진 동전 • 77
Q76 비디오 판독 • 78
Q77 조합론 협회는 새로운 회장을 어떻게 뽑을까? • 78

Q78 댄스동호회의 나이 점검 • 79

무게, 배, 개 : 물리학 퀴즈

Q79 학교는 언제 끝났을까? • 82
Q80 거울아, 거울아, 벽에 걸린 작은 거울아 • 82
Q81 섬 관광 • 83
Q82 등산 • 84
Q83 정확한 타이밍 • 85
Q84 내비게이션의 조화 • 85
Q85 동물의 달리기 시합 • 86
Q86 구리 혹은 알루미늄? • 87
Q87 성실한 양치기 개 • 87
Q88 해가 동쪽으로 지는 곳 • 89
Q89 완벽히 균형 잡힌 회전목마 • 89

어려운 퀴즈 : 진정한 도전

Q90 동전 하나 — 3회 연속 • 92
Q91 빌어먹을 연필 • 92
Q92 공주는 어디에? • 93
Q93 탑승권 없이 탑승하기 • 94
Q94 길 잃은 탐험가는 어디에 있을까? • 95
Q95 환상적인 4 • 96
Q96 삼각형 과녁 • 97
Q97 아이들이 이름을 비교한다 • 98
Q98 형제자매 문제 • 98
Q99 나누어라 그리고 지배하라 • 99
Q100 구슬 열두 개와 저울 하나 • 100

해답 101

출처 • 198
참고문헌 • 199

6년 전에 슈피겔온라인 웹사이트SPIEGEL.de에 '이주의 퀴즈' 첫 회를 올렸다. 스파게티면을 정확히 9분 동안만 삶아야 한다. 알단테[1]! 모래시계 두 개로 시간을 측정해야 하는데, 하나는 4분짜리 또 하나는 7분짜리다. 아주 고전적인 퀴즈였다.

그 후로 매주 하나씩 수학 퀴즈를 소개했고, 벌써 300회가 넘었다! 독자들의 관심이 늘 나를 놀라게 하고 당연히 기쁘게 한다. 조회수 5만은 기본이고, 어떤 퀴즈는 10만 혹은 그 이상을 기록하기도 했다. 독자들의 이메일도 자주 받는데, 모든 오류가 기어코 발견되어 지적된다. 이미 여러 차례 문제 서술을 더 정교하게 다듬거나 해답을 보완해야 했다.

당연히 오류 발견과 수정은 나를 화나게 한다. 그러나 한편으로 좋은 일이기도 하다. 세상에 완벽한 사람은 없으니까! 그리고 무엇보다, 수학은 언제나 결말이 아니라 과정이니까! 우리는 한발 한발 진실에 다가간다. 수학자조차 때때로 돌부리에 걸려 넘어지지만, 다행히 그 뒤로 동료들에게 돌부리의 위치를 알려준다. 또한, 우리는 때때로 멀리 돌아 목적지에 도달한다. 필요한 것보다 더 복잡한 방법으로 해답을 찾아낸다. 수학자들도 종종 그렇다. 처음 발견된 해답이 가장 우아한 해답이 아닐 때도 있다.

여전히 나를 힘들게 하는 건, 적확한 언어다. 내 가슴에서는 두 개의 심장이 뛴다. 저널리스트의 심장과 수학자의 심장. 저널리스트는 가능한

1. 알 덴테(AL DENTE) : 이탈리아어인 알 덴테는 파스타 또는 그린빈스 등의 채소를 씹었을 때 약간 단단하고 살캉한 느낌이 남아 있도록 익힌 상태를 말한다.

한 이해하기 쉽게 쓰려 한다. 명료하게. 장문보다는 단문으로. 가장 좋기로는 전문용어 없이! 그러나 이런 서술이 모든 수학 퀴즈에 적합한 건 아니다. 실제로 나는 그것 때문에 자주 독자들로부터 비판을 받는다.

수학적 정확성을 살리면서 일반인도 어렵지 않게 읽을 수 있는 표현으로 퀴즈를 더 흥미롭게 만드는 좋은 타협점을 찾는 것이 무엇보다 중요하다.

다음의 두 일화는, 독자들이 수학 퀴즈에 얼마나 열성인지를 잘 보여준다.

체스보드에 퀸 다섯 개를 놓아야 한다. 적어도 퀸 하나가 체스보드의 모든 필드로 한 번에 이동할 수 있는 위치여야 한다.

나는 두 가지를 해답으로 제안하면서, 다른 해답을 찾아 알려달라고 독자들에게 청했다. 그 결과, 이메일 십여 통이 왔고, 놀랍게도 아주 다양한 수많은 해답이 적혀 있었다. 그중 두 개만 여기에 소개하면 다음과 같다.

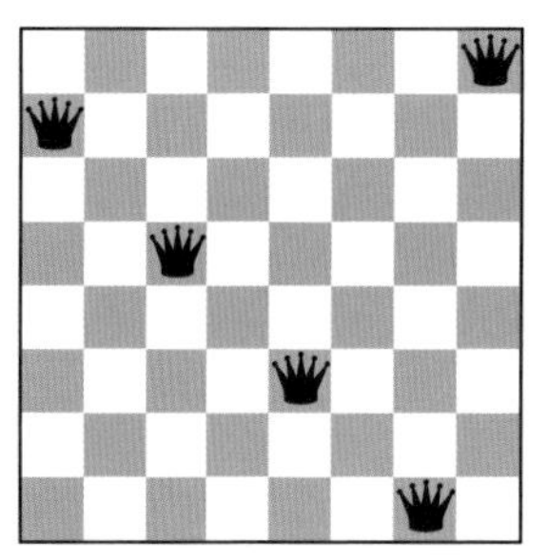

독자 세 명은 심지어 컴퓨터프로그램을 직접 만들어 모든 해답을 찾아냈다. 세 명 모두 똑같은 결과를 얻었다. 해답은 총 4860가지였다. 이 퀴즈는 69쪽에서 확인할 수 있다.

총 16개 점이 4개씩 4줄로 배열되었다. 연필을 떼지 않고 직선 6개를 그어 16개 점을 모두 연결해야 한다(55쪽 참고). 이 퀴즈 역시 큰 반향을 일으켰다.

나는 세 가지 해답을 제시했었다. 그리고 이때도 독자들에게 각자의 해답을 보내라 청했다. 해답이 쓰나미처럼 밀려왔다. 다음 그림에서 그 일부를 볼 수 있다.

나올 수 있는 모든 해답이 나왔는지 나는 확신할 수 없다. 그것을 알아내는 것 자체가 수학자를 위한 흥미로운 문제일 것이다. 어쩌면 이 문제 역시 컴퓨터프로그램으로 모든 가능한 해답을 찾을 수 있을지도 모른다. 하여튼, 점 열여섯 개가 퀸 다섯 개보다 더 어려워 보인다.

자, 이제 당신 차례다! 이 책에서 당신은 논리학, 기하학, 조합론의 퀴즈 100개를 만난다. 한 문제에 막혀 앞으로 나가지 못하더라도, 너무 빨리 포기하지 마시라. 잠시 옆으로 미뤄두고, 다른 문제를 먼저 풀어라. 자고 나면 반짝이는 아이디어가 떠오를지도 모른다.

부디 즐기시길!

홀거 담베크

함부르크

Question!

빠르게 풀기

준비운동을 위한 쉬운 퀴즈

곧바로 머리를 쥐어뜯지 않아도 되는 다소 만만한 문제들로 시작하자. 기하학 퀴즈, 숫자 퀴즈, 고전적인 퀴즈까지 모두 모두 모았다. 자, 출발!

Q1 물 6리터를 담아라

살다 보면 눈대중이 기가 막히게 통하는 상황이 꽤 많다. 그러나 다음과 같이 정확해야 할 때도 있다.

당신은 물이 필요하다. 정확히 6리터만 있으면 된다. 하지만 6리터를 신속하고 정확하게 잴 수 있는 계량컵이 없다.

그 대신에 크기가 다른 양동이 두 개가 수도 옆에 있다. 큰 양동이는 정확히 9리터이고, 작은 양동이는 4리터이다.

물은 넉넉하다. 몇 번이고 양동이를 채울 수 있다. 그리고 필요없는 물은 정원 꽃밭에 그냥 버리면 된다.

큰 양동이에 정확히 6리터를 담으려면 어떻게 해야 할까?

Q2 금을 챙겨가야 한다 — 어떻게?

선물은 일단 예쁘고, 무겁고, 비싸야 한다. 그래서 세상에서 가장 부유한 가족은 크리스마스에 순금 조각상만 선물한다. 비너스, 호랑이, 화려한 촛대… 어떤 조각상이든 황금빛을 뽐내고 무엇보다 아주 비싸다.

독립해서 나가 산 지 오래된 아들은 올 크리스마스에 선물을 특히 많이 받았다. 선물로 받은 황금 조각상을 모두 합치면 정확히 9톤이다. 조각상의 개별 무게는 정확히 알 수 없지만, 1톤이 넘는 것은 없다.

파티가 끝나고 아들은 선물을 모두 챙겨가고 싶다. 그러나 선물을 옮기려면 지하주차장에 들어갈 수 있는 작은 트럭을 이용해야 한다. 이런 작은 트럭에는 최대 3톤까지만 실을 수 있다.

선물을 모두 챙겨가려면 최소한 트럭이 몇 대 필요할까?

Q3 퍼센트, 퍼센트, 퍼센트

농부가 방금 수확한 과일을 말리고자 한다. 햇볕이 잘 드는 곳에 멍석을 깔고 과일 100kg을 널었다. 이때 과일의 수분함량은 99퍼센트였다.

며칠 뒤에 수분함량이 98퍼센트로 줄었다. 그렇다면 현재 수분함량이 98퍼센트인 이 과일의 무게는 얼마일까?

Q4 토끼 8마리의 달리기 시합

더 높이, 더 빨리, 더 멀리! 토끼 8마리가 달리기 시합을 위해 모였다. 빠르기로 유명한 이 동물들은 아주 큰 계획을 세웠다.

한 토끼가 다른 토끼를 적어도 한 번은 이길 때까지, 그러니까 한 토끼가 다른 토끼보다 먼저 결승선에 도달할 때까지 달리기 시합을 계속하기로 했다.

8번을 달리고, 매번 다른 토끼가 1등을 하는 것이 가장 간단한 방법일 것이다. 그러나 더 적게 달리고도 가능하지 않을까?

모두가 적어도 한 번씩은 다른 토끼보다 먼저 결승선에 도달하려면, 8마리 토끼는 최소한 몇 번을 달려야 할까?

참고 다른 토끼를 이기기 위해 반드시 1등을 해야 하는 건 아니다. 그저 이기고자 하는 토끼보다 먼저 결승선을 통과하면 된다.

Q5 없어진 1유로는 어디에 있을까?

계산에 능숙한가? 그렇다면 단골손님 세 명과 부지런한 종업원에게 생긴 다음의 문제를 푸는 데 도움이 될 것이다.

단골손님 세 명이 식당을 방문했다. 음식값이 정확히 10유로 나왔고, 각각 10유로짜리 지폐 한 장씩만 가진 터라 종업원에게 30유로만 주었다. "가진 게 이게 전부라, 어쩔 수 없네요. 봉사료는 나중에 줄게요." 셋은 양해를 구하고 식당을 나왔다.

그때 식당 주인이 나와, 단골손님들이 어디에 있냐고 종업원에게 물었다. 종업원은 음식값 30유로에 관해 얘기했고, 주인은 세 손님에게 빨리 5유로를 돌려주라고 지시했다. "고마운 단골손님이잖아. 그 정도는 깎아 드려야지!" 주인이 말했다.

종업원은 재빨리 식당을 나가, 길모퉁이에서 세 손님을 붙잡았다. 5유로를 세 사람이 똑같이 나눠 갖기가 어려우니, 각각 1유로씩만 받고, 남은 2유로는 종업원에게 봉사료로 주기로 했다.

결과적으로 각 손님이 9유로를 냈으니, 총 27유로이다. 여기에 종업원이 챙긴 봉사료 2유로를 더하면 29유로가 된다. 그러나 세 손님은 원래 30유로를 냈다. 1유로는 어디로 간 걸까?

Q6 동전으로 사용된 파란 조각과 빨간 조각

동전은 무겁다. 그리고 필요할 때 찾으면 꼭 없다. 그래서 재정부 장관은 앞으로 동전 대신에 색깔 있는 플라스틱 조각을 사용하기로 했다. 간편하게 단 두 가지 색만 사용한다.

빨간 조각은 70센트이고, 파란 조각은 100센트다. 재정부 장관은, 동전을 단 두 종류로 단순화했기 때문에 사람들이 통화개혁을 더 쉽게 수용할 것이라 주장한다.

빨간 조각과 파란 조각만 사용한다면, 계산대에서 낼 수 있는 가장 적은 금액은 얼마일까?

Q7 꼭지가 잘린 피라미드

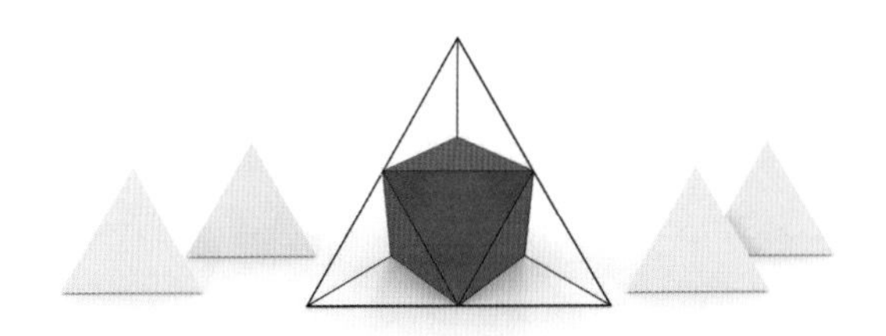

기하학을 좋아하는가? 그렇다면 당신은 분명 플라톤의 다면체, 즉 정다면체의 열렬한 팬일 것이다. 플라톤의 다면체라는 용어는 그리스 철학자 플라톤으로 거슬러 올라간다. 정다면체의 면은 모두 크기가 같은 정다각형이다. 그리고 모든 꼭짓점에서 만나는 변의 개수는 같다. 정육면체 혹은 정오각형 12개로 구성된 정십이면체가 그 예다.

이 퀴즈에서는 가장 단순한 정다면체인 피라미드를 다룬다. 정사면체인 피라미드의 네 면은 모두 정삼각형이다.

이 정사면체의 네 꼭지를 잘라 작은 정사면체 네 개를 만든다. 이 작은 정사면체 변의 길이는 원래 정사면체 변의 길이의 정확히 절반이다. 20쪽의 그림을 참고하라.

꼭지 네 개를 잘라내면 정팔면체라 불리는 새로운 정다면체가 생긴다. 그림에서 붉은색으로 표현된 것이 정팔면체이다. 정삼각형 여덟 개가 정팔면체의 면을 구성한다.

꼭지를 자르기 전의 원래 피라미드 부피에서 이 정팔면체가 차지하는 부피는 얼마일까?

참고 복잡한 기하학 공식을 사용하지 말고 풀어보라!

Q8 융통성 없는 톰

톰은 다소 기이한 방식으로 책을 읽는다. 어쨌든 톰은 언제 책을 다 읽게 될지 아주 정확히 안다. 톰이 읽고 있는 소설은 모두 342쪽이다. 톰은 첫날부터 책을 다 읽는 마지막 날까지 매일 정확히 같은 양을 읽는다.

톰은 일요일에 이 소설을 읽기 시작했다. 다음 일요일에 소설책을 들고 소파에 앉아 있는데, 전화벨이 울렸다. 톰은 잠깐 책을 살펴보았다. 이날 아침부터 이때까지 정확히 20쪽을 읽었다.

이날 톰은 몇 쪽을 더 읽게 될까?

Q9 없애야 할 경품권은 모두 몇 개일까?

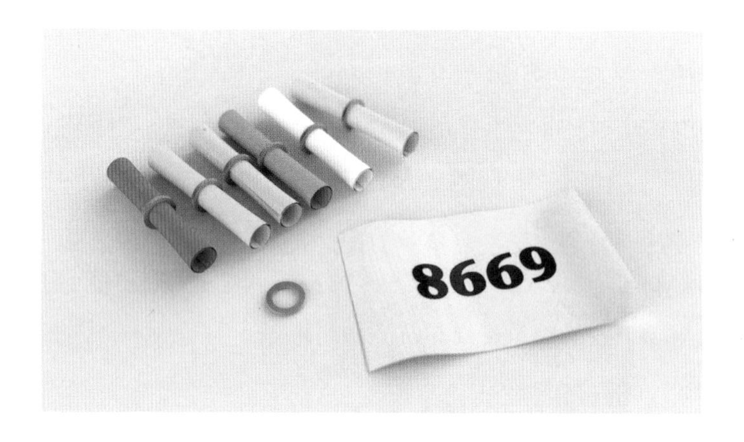

대형 열쇠고리, 스테인리스 병따개, 고급 필기구 세트… 한 회사가 창립기념일에 파티를 열어, 1년간 쌓인 모든 사은품을 경품추첨을 통해 직원들에게 나눠주기로 했다.

추첨 과정은 이렇다. 모든 직원은 1유로짜리 경품권을 원하는 만큼 살 수 있다. 각 경품권에는 숫자 네 개가 적혀있다.

IT 부서가 미리 무작위 번호 생성기를 이용하여 모든 경품에 네 자리 번호를 배정해 두었다. 이 번호가 적힌 경품권을 뽑은 사람이 해당 경품을 타게 된다.

경품권 담당 직원들은 0000에서 9999까지의 네 자리 번호가 적힌 총 1만 개의 경품권을 검사했다. 이때 한 직원이, 9999를 뒤집으면 6666으로 보인다는 것을 알아차렸다. 말하자면 6666과 9999 경품권이 두 개씩 있는 셈이고, 당연히 이런 일은 있어선 안 된다.

그래서 그들은 경품권 번호를 더 찬찬히 조사했고, 6과 9 이외에도 경품권을 180도 돌렸을 때 정상적인 번호처럼 보이는 숫자가 두 개 더 있다는 사실을 알게 되었다. 바로 0과 8이다. 0808 경품권은 8080이 될 수도 있다.

다툼을 없애기 위해, 문제가 될 만한 번호를 모두 없애기로 했다.

숫자 1, 2, 3, 4, 5, 6, 7이 하나 혹은 여럿이 들어있으면 경품권 번호로 확실히 아무 문제가 없다. 숫자를 보자마자 어느 방향으로 들어야 맞는지 즉시 알 수 있기 때문이다.

1만 개 경품권 중에서 최소한 몇 개를 없애야 할까?

Q10 이상한 시계

어떤 장난꾸러기가 벽시계의 시침과 분침을 서로 바꿔놓았다. 그래서 계속해서 정상 시계에서는 결코 있을 수 없는 위치를 가리킨다.

지금은 정각 12시이다. 두 바늘이 모두 정상 시계처럼 12를 가리키기 때문에, 바늘이 바뀐 것이 드러나지 않는다.

12시 30분은 다르다. 작은 바늘이 정확히 6에 있고 큰 바늘이 12와 1 중간에 있다. 사실 정상 시계에서는 이런 위치가 나올 수 없다. 작은 바늘이 정확히 6을(6시) 가리키는데, 큰 바늘은 정각에서 몇 분 지난 위치에 있기 때문이다.

여기서 문제 : 이 이상한 시계는 바뀐 바늘로, 12시부터 13시까지 실제 존재하는 시각을 몇 번이나 가리킬까? 가리킨 시각이 반드시 실제 시각과 일치하지 않아도 된다. 그냥 존재하기만 하면 된다. 이때 12시는 제외한다.

Q11 퍼즐 조각 하나를 버려야 한다 — 어떤 것?

퍼즐 조각 네 개로 정사각형을 만들어라!

아주 간단할 것 같지만, 사실 그렇지 않다. 당신 앞에는 퍼즐 조각이 네 개가 아니라 다섯 개가 놓여있기 때문이다. 필요한 퍼즐 조각은 네 개뿐이다. 어떤 조각을 버려야 할까?

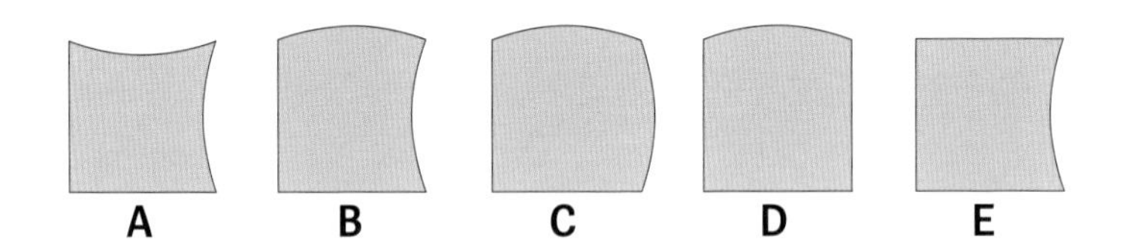

Q12 포도주 아홉 통을 공평하게 나누는 방법

삼형제가 상속재산을 두고 다툰다. 수학 퀴즈의 고전에 해당하는 문제다. 예를 들어 낙타를 공평하게 나눠야 한다면, 금세 골치가 아파질 수 있다. 낙타의 털끝 하나도 다치게 해선 안 되기 때문이다. 삼등분 된 낙타를 원할 사람이 어디 있겠는가?

다행히 우리의 삼형제는 포도주를 나누면 된다. 삼형제에게 상속된

재산은 포도주 아홉 통이다. 그러나 고약하게도 포도주 통이 똑같이 가득 차지 않았다. 1번 통에는 1리터, 2번 통에는 2리터, 3번 통에는 3리터, 그런 식으로 계속되어 9번 통에는 9리터가 채워져 있다.

삼형제의 우애는 그다지 좋지 않다. 그래서 포도주 통과 포도주 양을 똑같이 나눠 가져야 한다. 이때 가능한 한 포도주를 옮겨 담지 말아야 한다.

과연 가능할까? 그렇다면, 어떻게 나눠 가져야 할까?

아하

요령이 필요한 퀴즈

최고의 수학 퀴즈는 해답마저도 놀라울 정도로 짧고 단순하다. 또한, 기발한 요령이 종종 뒤에 숨겨져 있다. 이제 당신의 창의성이 요구된다!

Q13 어떤 숫자가 빠졌을까?

수학선생님이 깜짝 손님으로 반창회에 참석했다. 예전부터 수학선생님은 학생들에게 골치 아픈 퀴즈를 자주 냈었고, 당연히 이번에도 풀기 어려워 보이는 문제를 가지고 왔다.

"너희들의 기억력을 한번 테스트해 볼까? 하고 싶으면 누구나 다 해도 돼. 하지만 종이에 적어도 안 되고 서로 가르쳐줘도 안 돼. 혼자 힘으로 해야 해. 너희가 쓸 수 있는 도구는 오직 너희들의 두뇌뿐이야."

모두가 수학선생님에게 집중했다.

"1부터 100까지 숫자 중에서 정확히 99개를 뽑아 순서를 뒤죽박죽 섞어서 너희들에게 불러줄 거야. 10초에 하나씩 부를 거야. 마지막에 너희들은 1부터 100까지 중 어떤 숫자가 빠졌는지 맞혀야 해."

빠진 숫자를 찾아낼 수 있을까?

참고 반창회 참석자 모두가 평균적인 기억력을 가졌다고 가정하자. 즉, 뒤죽박죽 섞인 숫자 99개를 기억하는 사람은 없다. 기억력 천재가 아니라면, 숫자 서너 개 정도는 몰라도 그 이상을 기억하기는 힘들다.

Q14 자리를 잘못 잡은 토끼

토끼농장협회의 여름축제가 점점 다가오고 있다. 협회장은 회원들이 감탄할만한 새로운 식탁보를 마련하고자 한다. 그는 식탁보에 예쁜 토끼 얼굴을 넣기로 했다.

그러나 뭔가 실수가 생겨, 토끼 얼굴이 식탁보 정중앙이 아니라 (다음 그림처럼) 가장자리에 들어갔다.

이제 어떻게 해야 할까? 식탁보를 다시 주문해야 할까? 그러려면 추가 비용을 내야 했다. 협회장의 실수로 생긴 문제였기 때문이다. 인쇄소의 레이아웃 시안을 정확히 살피지 않은 채 주문을 넣었던 것이다.

토끼농장 협회장은 다른 해결책을 궁리했다. 바느질을 잘하는 딸에게 부탁하면, 식탁보를 조각내서 토끼 얼굴이 정중앙으로 가게 한 뒤 감쪽같이 다시 붙여 놓을 것이다.

당연히 식탁보를 가능한 한 적게 조각내는 것이 좋다.

조각을 다시 붙였을 때 토끼 얼굴이 정중앙으로 가도록 식탁보를 자를 경우, 최소 몇 조각으로 잘라야 할까?

Q15 마술 속임수

숫자 마술은 언제나 감탄을 자아낼 수 있다. 마술사는 두 관객에게 1부터 9까지 숫자 중에서 하나씩 고르라고 부탁한다. 우리는 이 두 숫자를 A와 B로 부르기로 한다.

이제 두 관객은 두 숫자를 다음과 같이 배열하여 여섯 자리 수를 만들어야 한다.

ABABAB

두 관객은 이 수를 커다란 종이에 적어 다른 관객들에게 보여준다. 마술사는 이 수를 볼 수 없다.

그러나 마술사는 자신 있게 주장한다. "이 수는 7의 배수군요."

관객들이 놀란다. 마술사의 말이 맞기 때문이다.

우연일까? 아니면 A와 B에 어떤 수가 오든 항상 7의 배수일까? 만약 그렇다면, 왜 그럴까?

Q16 정사각형을 어떻게 나눌까?

정사각형이 하나 있다. 이것을 n개의 정사각형으로 잘라야 한다. 크기는 모두 달라도 된다. 단, n은 짝수여야 한다.

n에 해당하는 짝수는 무엇일까? 가능한 모든 짝수를 찾아라!

Q17 종이 자르기

사각형 종이 한 장을 직선으로 단 두 번 잘라 여섯 조각을 내야 한다. 이때 종이를 꺾어서도 안 되고 접어서도 안 된다. 또한, 첫 번째 자른 뒤에 조각을 새로 정렬하거나 포개서도 안 된다.

할 수 있을까?

Q18 동전 기술

수많은 수학자가 국제학회를 위해 일주일간 만난다. 낮에는 학회에 참석하고 저녁에는 술을 마신다.

수학자들이 실제로 얼마나 창의적인지 알고 싶었던 한 술집 주인이 다음과 같은 문제를 낸다. "여기 동전이 10개 있어요. 이것을 여기 이 플라스틱 컵 세 개에 나눠 담아야 합니다. 단, 모든 컵에 동전이 홀수 개씩 들어가야 합니다."

손님들이 곰곰이 생각했다. 그리고 한 사람이 말했다. "아주 간단한 문제군요. 하지만 답을 말하진 않겠어요."

다른 손님이 말했다. "아니, 그건 불가능하오. 그 문제는 답이 없소."

누구 말이 옳을까?

Q19 정사각형 풀밭

정사각형 풀밭에 말 아홉 마리가 있다. 이 동물들은 서로 사이가 안 좋아서, 멀찍이 떨어져 있다. 그럼에도 늘 스트레스가 생긴다. 그러므로 울타리를 만들어 말들을 따로따로 떼어놓아야 한다.

물론, 작은 정사각형 9개를 만들어 한 마리씩 넣어도 되겠지만, 주인은 정사각형 울타리 두 개만으로 아홉 마리를 따로 떼어 놓는 방법을 알아냈다. 모든 말은 (위의 그림처럼) 현 위치에 그대로 머물러야 한다.

사용될 두 울타리는 위에서 볼 때 정사각형으로 보여야 한다. 정사각형 울타리의 크기에는 별다른 규정이 없다.

실제로 그런 분리가 가능할까?

참고 각 말에게 허락할 면적이 반드시 똑같을 필요는 없다. 그리고 두 울타리는 위에서 봤을 때 서로 닿거나 겹쳐져도 된다.

Q20 프로들의 집 청소

니나와 마티아스는 작은 빌라에서 함께 산다. 두 사람은 토요일마다 방, 테라스, 잔디밭을 깨끗이 청소해야 한다. 청소도구로는 진공청소기, 잔디 깎기, 고압세척기가 있다.

진공청소기로 모든 방의 먼지를 빨아들이는 데 30분이 걸리고, 잔디를 깎는 데도 30분이 걸린다. 그리고 고압세척기로 테라스를 청소하는 데 역시 30분이 걸린다.

한 사람이 청소도구 두 개를 동시에 쓸 수 없다.

두 사람이 11시에 청소를 시작하면, 언제 청소를 끝낼 수 있을까?

Q21 조각 케이크 정돈하기

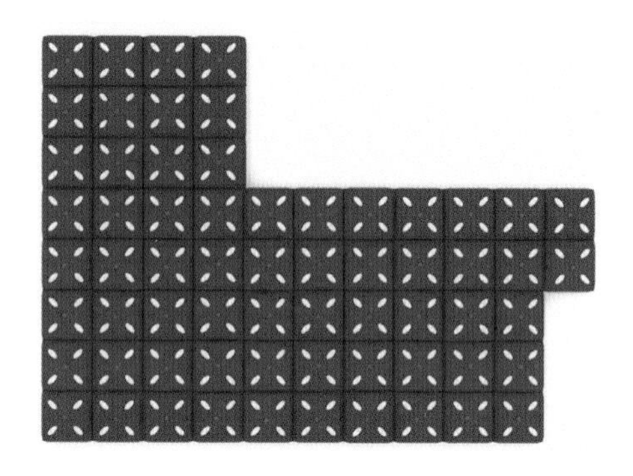

알다시피 맛있는 케이크는 금세 입으로 사라진다. 이 퀴즈에 등장하는 케이크도 그렇다.

우리의 케이크는 보통 케이크와 약간 다르다. 다소 단단하고 네모나다. 대략 크리스마스 쿠키와 비슷하다. 굽기 전에 평평한 반죽에 가느다란 선을 그어, 나중에 케이크가 정사각형 조각으로 잘 잘리도록 했다. 실제로 이 선을 따라 케이크를 잘라 판매했다.

이 케이크는 인기가 아주 좋아, 이미 여러 조각이 잘려나갔다.

이제 케이크는 정확히 64조각이 불규칙한 모양으로 남아 있다. 64개 조각은 (그림처럼) 아직 서로 붙어있다.

64는 제곱수다. 그러므로 이 조각들을 가로세로 8조각씩 배열하면, 정사각형으로 말끔히 정돈할 수 있다.

여기서 문제 : 커다란 케이크를 두 부분으로 나눈 뒤, 그것을 재배열하여 정사각형을 만들고자 한다. 그것이 가능할까? 그렇다면 어떻게 잘

라야 할까?

참고 그어진 선을 따라서만 자를 수 있고, 바깥 테두리는 떼어도 된다. 그러나 두 부분을 합쳐 만든 정사각형은 빈틈없이 완전히 붙어있어야 한다.

Q22 사슬 전체

한 등산객이 산장에서 숙박하려고 한다. 적어도 하룻밤, 어쩌면 더 많이, 그러나 최대 일곱 밤. 시즌이 거의 끝나서 이 등산객이 유일한 손님이다.

등산객은 며칠을 머물게 될지 아직 정확히 알 수 없고, 매일 투어도 다니기 때문에 산장 주인은 매일 선불로 숙박료를 받기로 한다. "하룻밤 숙박료는 50유로입니다. 미안하지만 이곳 산장에서는 카드결재가 안 됩니다."

"저런, 큰일이군요. 현금이 없거든요. 그 대신 은으로 낼 수 있을 듯합니다." 등산객은 이렇게 말하며 산장 주인에게 은팔찌를 보여준다. 둥글게 연결된 팔찌가 아니라, 총 일곱 마디로 구성된 긴 줄이다.

주인은 말한다. "좋습니다. 한 마디를 하룻밤 숙박료로 합시다. 다만, 팔찌 손상을 최소화하기 위해 딱 한 마디만 떼어 내야 합니다!"

등산객은 산장에서 총 일곱 밤을 보냈고, 아무 문제 없이 매일 한 마디씩 숙박료를 냈다.

등산객은 어떻게 딱 한 마디만 떼어 내서 매일 한 마디씩 숙박료를 낼 수 있었을까?

Q23 마법의 정사각형

4	7	2	13	6	1
18	21	16	(27)	20	15
15	18	13	24	17	12
21	24	19	30	23	18
24	27	22	33	26	21
27	30	25	36	29	24

마법의 정사각형 퀴즈는 버전이 아주 다양하다. 어떨 땐 숫자, 어떨 땐 알파벳, 어떨 땐 색깔이 적혀있다. 숫자가 적힌 경우, 통상적으로 모든 가로줄과 세로줄의 숫자 합이 같고, 그것이 숫자 정사각형의 마법이다. 그러나 이 정사각형 퀴즈는 다르다. 예를 들어 첫 번째 가로줄의 숫자 합은 두 번째 가로줄의 숫자 합보다 작다. 그런데도 마법의 정사각형이라 부를만하다.

마법은 다음과 같이 했을 때 드러난다.

무작위로 숫자 하나를 고른 다음 그 숫자에 동그라미를 그려라(위의 그림에서 27처럼).

동그라미를 그린 숫자와 가로세로 같은 줄에 있는 다른 모든 숫자에 선을 그어 지워라.

남아 있는 숫자 중에서 다시 무작위로 하나를 골라 동그라미를 그린 후 그 숫자와 가로세로 같은 줄에 있는 다른 모든 숫자에 선을 그어 지워라.

모든 숫자에 동그라미 혹은 선이 그어질 때까지 이 과정을 반복하라.

동그라미가 그려진 숫자를 모두 합하라.

어떤 숫자를 선택했든, 그 합이 언제나 같을 수 있을까? 만약 그렇다면, 그 합은 얼마인가? 그리고 왜 그 합이 언제나 같을까?

알려지지 않은, 자연스러운, 합리적인

숫자 퀴즈

각 자릿수의 합, 괴짜 같은 유스호스텔 관리인, 1770탈러 — 이 장에서는 숫자들이 주인공이다. 명심하라. 결국에는 정산된다!

Q24 셰릴의 아이들은 몇 살일까?

톰은 새 이웃 셰릴을 처음 만나 묻는다. "자녀분이 모두 몇 명이세요?"

셰릴 : "셋이에요."

톰 : "아이들은 몇 살인데요?"

셰릴 : "세 아이의 나이를 곱하면 36이고, 더하면 정확히 오늘 날짜네요."

톰은 곰곰이 생각한 뒤 말한다. "모르겠어요. 힌트를 조금만 더 주세요."

셰릴이 답한다. "저런, 미안해요. 큰아이가 딸기우유를 좋아한다는 얘기를 깜빡하고 안 했네요."

세 아이는 각각 몇 살일까?

Q25 숫자 마니아 세 사람

아힘	마리아	호르스트
1004	1000	1002
4008	6332	6663
1447	5316	3006
3141	3338	9630

숫자 마니아인 세 사람은 일요일마다 만나 숫자 놀이를 한다. 아힘은 4월에 태어났고 그래서 4를 몹시 사랑한다. 마리아는 묀헨글라트바흐 출신으로 4를 아주 싫어한다. 묀헨글라트바흐 축구팀의 라이벌인 샬케 04

이름에 4가 들어가기 때문이다. 호르스트는 3월에 태어났고 그래서 예상대로 3을 너무너무 좋아한다.

이 세 사람은 온종일 숫자를 가지고 논다. 이번 일요일에는 각각 다음과 같은 아주 긴 목록을 작성했다.

- 아힘은 4가 적어도 하나는 들어있는 네자릿수를 모두 적었다.
- 마리아는 4가 절대 들어있지 않은 네자릿수를 모두 적었다.
- 호르스트는 3의 배수인 네자릿수를 모두 적었다.

목록을 작성한 뒤에 호르스트가 말한다. "내 목록이 가장 길어."

마리가 반박한다. "무슨 소리! 내 거가 제일 길어." 그러자 아힘이 말한다. "하하! 당연히 내 목록이 가장 길지."

누구의 말이 옳은가?

Q26 남동생 몫으로 남은 돈은 얼마인가?

취미활동은 정말로 비용이 많이 들 수 있다. 두 자매는 몇 년 동안 액션피규어를 함께 수집했다. 그러나 이제 끝내기로 했다. 들어간 돈의 일부라도 되찾기 위해, 두 자매는 수집한 피규어를 모두 팔았다.

모든 피규어는 같은 가격에 팔았다. 판매 수입금은 짝수이다. 그리고 판매 뒤에 확인한 것처럼, 피규어 한 개 가격과 판매한 피규어 개수가 정확히 일치했다.

두 사람은 수입금을 다음과 같이 나눠 가졌다.

언니가 먼저 10유로를 가져가고 그다음 동생이 10유로를 가져간다. 다시 언니가 10유로, 동생이 10유로를 가져간다. 그렇게 번갈아 10유로씩 가져가고, 언니가 마지막 10유로를 가져간 뒤, 10유로보다 적은 금액이 남았다. 남은 금액은 남동생에게 주었다.

남동생은 얼마를 받았을까?

Q27 황소, 말, 1770탈러

한 친구가 '수학! 도움이 필요해!'라는 제목으로 이메일을 보냈는데, 거기에 이 퀴즈가 있었다. 친구의 중학생 아들이 이 퀴즈를 숙제로 받았는데, 아들도 엄마도 풀 수가 없었단다.

나는 퀴즈를 자세히 살펴보았다. 그리고 그것은 정말로 보기보다 훨씬 어려운 문제였다. 수학자 레온하르트 오일러Leonhard Euler[2]에게로 거슬러 올라가야 했다! 당신이 과연 이 문제를 풀 수 있을까? 얼마나 빨리 풀 수 있을까?

1821년 독일 수학자 요안 야콥 에베르트Johann Jacob Ebert가 출간한 『레온하르트 오일러의 대수학을 위한 전체 안내에서 발췌한 문제Auszug aus Herrn Leonard Eulers vollständigen Anleitung zur Algebra』에 수록된 문제를 그대로 소개하면 다음과 같다. "한 공무원이 말과 황소 여러 마리를 총 1770탈러에 샀다. 말 한 마리에 31탈러, 황소 한 마리에 21탈러를 주고 샀다. 말과 황소를 몇 마리씩 샀을까?"

2. 레온하르트 오일러(Leonhard Euler, 1707~1783) : 스위스의 수학자·물리학자. 수학·천문학·물리학 분야에 국한되지 않고, 의학·식물학·화학 등 많은 분야에 걸쳐 광범위하게 연구하였다. 수학 분야에서 미적분학을 발전시키고, 변분학을 창시하였으며, 대수학·정수론·기하학 등 여러 방면에 걸쳐 큰 업적을 남겼다.

Q28 유스호스텔의 침실퀴즈

하필이면 이 유스호스텔이어야만 했을까? 두 학급의 학생들은 이번 여행을 고대하고 또 고대했었다. 4일간 수업이 없다. 그런데 유스호스텔 관리인이 하필이면 정년 퇴임한 수학교사로 퀴즈 내기를 즐기는 사람이었다.

"여러분은 정확히 41명이군요." 백발의 숫자 천재가 인사하며 말한다. "우리 유스호스텔에는 침실이 12개이고 침대가 정확히 41개 있어요. 이런 우연이 또 있을까요! 침대가 3개, 4개, 5개가 있는 침실이 있어요. 각각의 침실에는 침대가 적어도 하나는 있고, 침대가 4개인 침실은 하나 이상입니다. 그리고 침대가 4개 혹은 5개인 침실보다 3개인 침실이 더 많습니다."

학생들은 짜증이 났다. 그래서 뭘 어쩌라고?!!

"우리 유스호스텔의 침실에 각각 침대가 몇 개씩인지 알아낸다면, 그때 열쇠를 주겠어요." 관리인이 말했다. "오늘 밤에 과연 손님을 받을 수 있을지 없을지 몹시 궁금하군요."

학생들은 머리를 맞대고 계산하기 시작했다. 그들은 몇 분 뒤에 해답을 찾았다. 그리고 정답은 이것 하나뿐이다. 학생들은 열쇠를 받아 숙박할 수 있게 되었다.

침실 12개에 침대 41개가 어떻게 분배되어 있을까?

Q29 여덟자릿수를 찾아라

아주 특별한 숫자의 수요가 점점 높아진다. 어떨 땐 1과 자기 자신 외에는 약수가 없는 수, 그러니까 소수가 필요하다. 어떨 땐 하나 혹은 여러 수를 약수로 가지는 수가 필요하다. 우리는 다음의 두 가지 조건을 만족하는 여덟 자리 자연수가 필요하다.

- 여덟 숫자 모두가 달라야 한다.
- 36으로 나누었을 때 나머지가 0이어야 한다.

두 조건을 만족하는 여덟 자리 자연수 중에서 가장 작은 수를 찾아라.

Q30 이상한 숫자 추출기

약간만 바꾸었는데, 갑자기 예전보다 세 배나 커진다. 이런 일은 일상에서 아주 드물게 일어난다. 그러나 다음의 퀴즈가 보여주듯이 수학에서는 전혀 특별한 일이 아니다.

여섯 자리 자연수에 관한 퀴즈다. 맨 앞의 첫 번째 숫자를 지우고 그것을 맨 뒤에 다시 적는다. 결과적으로 똑같이 여섯 자리 자연수이지만, 처음 수의 세 배이다.

이것이 가능한 여섯 자리 자연수를 모두 찾아라!

Q31 빌어먹을 81

n^2-81은 100의 배수이고, $n<100$이다.

이 조건을 만족하는 수 n을 모두 찾아라!

Q32 분수를 알자

인류는 이미 적어도 5000년 전에 분수를 알았다. 정수와 분수를 포함하는 메소포타미아 문서들이 있다. 그러나 그것은 중세시대에 비로소 '유리수'라는 이름을 얻었다. 유리수는 분수 혹은 두 정수의 비율로 표현될 수 있다.

유리수의 예는 2/3 혹은 1/27이다. 당신은 분명 이것을 알 터이다. 관건은 당신이 분수 계산을 얼마나 잘하느냐다.

다음 방정식의 해를 모두 찾아라.

$$\frac{1}{x}+\frac{1}{y}+\frac{1}{z}=1$$

이때 x, y, z는 모두 0보다 큰 자연수이다.

Q33 낯선 사람 세 명이 만나는 블라인드 데이트

다음 방정식을 만족하는 모든 자연수 x, y를 찾아라.

$$x^3-y^3=721$$

Q34 원숭이 100마리에게 줄 코코넛 1600개

이번에는 코코넛 얘기다. 게다가 1600개나 된다. 원숭이 100마리가 이 코코넛에 관심을 보인다. 각 원숭이에게 똑같이 나눠주면 각각 16개씩 얻을 수 있다. 그것이 공평할 터이다. 그러나 완전히 제멋대로 분배되었다. 심지어 코코넛을 한 개도 얻지 못한 원숭이가 있을 수도 있다.

코코넛을 어떻게 나눠주더라도 적어도 네 마리는 같은 개수의 코코넛을 얻는다. 이것을 증명하라.

거짓말쟁이와 난쟁이

골치 아픈 논리 퀴즈

누가 진실을 말하는지 알 수 없을 때, 어떻게 진실을 알아낼까? 논리의 바다에 빠져보자. 논리는 수학의 기반이다. 그리고 논리는 흥미진진한 퀴즈를 제공한다.

Q35 거짓말, 진실, 바이러스

한 섬에 두 집단이 산다. 한 집단은 늘 진실만을 말한다. 이들을 '기사'라 부르기로 하자. 두 번째 집단은 늘 거짓말을 한다. 이들을 '악당'이라 부르기로 하자. 우리는 섬 주민들에게 어느 집단에 속하냐고 직접적으로 물을 수는 없지만 다른 질문은 할 수 있고, 그 대답에서 기사인지 악당인지 유추할 수 있다.

간단한 사례 : "1 더하기 1은 무엇인가?"라고 물으면, 기사들은 '2'라고 답할 것이다. 반면 악당들은 엉뚱한 답을 내놓을 것이다.

그런데 얼마 전부터 이상한 바이러스가 섬에 퍼졌다. 비교적 천천히 퍼지는 바이러스라, 주민의 일부만 감염되었다. 이 바이러스에 감염되면 역할이 바뀐다. 감염된 기사는 늘 거짓말을 하고, 감염된 악당은 늘 진실만 말한다.

악당인지 기사인지 알아내려면, 어떤 질문을 해야 할까?

예 혹은 아니오로 답할 수 있는 질문 **하나만** 할 수 있다. 그리고 질문을 받은 사람이 감염자인지 아닌지 우리는 알지 못한다.

Q36 누가 도둑인가?

정직한 사람과 악명 높은 거짓말쟁이가 함께 살면, 분란이 일어날 수 밖에 없다. 마치 진실-거짓 섬처럼, 정직한 사람과 거짓말쟁이가 모여 사는 어느 섬에서 세상을 떠들썩하게 만든 절도사건이 벌어졌고, 경찰은 범인을 잡기 위해 애쓰고 있다. 박물관에서 귀중한 황금 보물이 사라졌고 누가 범인인지 명확하지 않다.

아무튼, 경찰은 용의자를 아담, 베르트, 크리스, 세 사람으로 좁힐 수 있었다. 이들 중 한 명이 도둑이다. 또한, 경찰은 셋 중 적어도 한 명이 악명 높은 거짓말쟁이이고 적어도 한 명은 항상 진실만을 말한다는 것을 안다. 그리고 이 섬에는 악명 높은 거짓말쟁이와 절대 거짓말을 하지 않는 정직한 사람, 두 부류만 산다.

또한, 늘 거짓말만 하는 섬 주민 중에 도둑이 있다. 진실만을 말하는 정직한 주민은 절대 범죄를 저지르지 않기 때문이다.

취조 중에 다음의 대화가 오갔다.

아담 : “내가 황금 보물을 훔쳤어요.”

베르트 : “아담 말이 맞아요.”

크리스는 두 사람을 빤히 볼 뿐, 아무 말도 하지 않았다.

그러자 형사가 말했다. “누가 범인인지 알겠군.”

형사는 정말로 범인을 알아냈을까? 그렇다면, 누가 범인일까?

Q37 유부녀 혹은 싱글?

이번에도 늘 진실만을 말하는 정직한 사람과 거짓말쟁이만 사는 기이한 섬 얘기다.

당신이 이 섬의 텅 빈 광장을 지나는데, 갑자기 한 여자가 나타나 말한다. "나는 유부녀 거짓말쟁이입니다."

이 말에서 당신은 이 여자에 대해 무엇을 알아냈는가? 이 여자는 정말로 유부녀일까? 이 여자는 거짓말쟁이일까?

Q38 누가 하얀 모자를 썼을까?

세 남자가 사형을 선고받았다. 그러나 판사가 그들에게 마지막 기회를 준다. "당신들 중 한 명은 하얀 모자를 썼고, 나머지는 회색 모자를 썼습니다. 하얀 모자를 쓴 사람이 내게 온다면, 당신들은 살 수 있습니다. 단, 서로 얘기를 나눠선 안 됩니다."

세 남자는 앞을 향해 한 줄로 섰고 뒤를 돌아봐선 안 된다. 자신의 모자 색은 볼 수 없지만, 대신에 자기 앞에 선 사람의 모자 색은 볼 수 있다. 맨 앞에 선 사람은 앞에 아무도 서지 않았으므로, 누구의 모자 색도 볼 수 없다.

어떻게 해야 이 세 남자는 목숨을 구할 수 있을까?

Q39 다음에 무엇이 올까?

약간씩 다른 그림 네 개가 있고, 다음에 올 다섯 번째 그림을 찾는 문제이다. 수많은 논리 퀴즈의 기본 원리이다. 논리적으로 다음에 무엇이 와야 하는지 찾는 게 핵심이다. 아이큐 테스트 혹은 사고력 테스트에서도 이런 문제를 애용한다. 대부분 그다지 어렵지 않다.

이 퀴즈에서 나는 난이도를 약간 더 올렸다. 성공을 빈다.

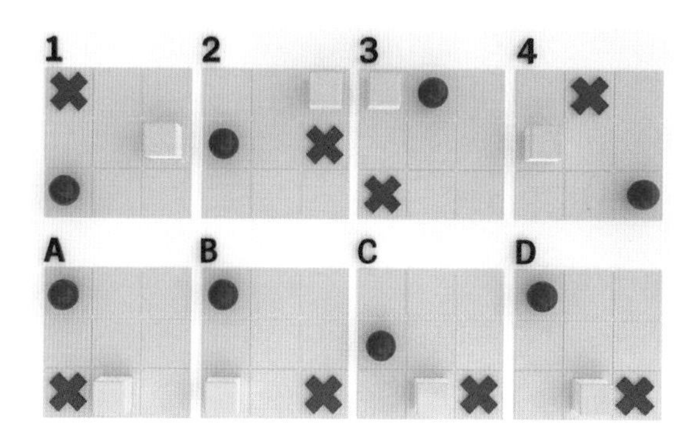

A, B, C, D 중에서 어떤 것이, 위의 네 그림 다음에 오겠는가? 1부터 4까지의 순서에 논리적인 규칙이 있다고 가정한다면, 그 규칙에 따라 어떤 것이 다섯 번째로 와야 할까?

Q40 모두 거짓일까?

책상 위에 특이한 책이 놓여있다. 총 2019쪽으로 아주 두껍다. 그런데 한 쪽에 단 한 문장씩만 있다. 1쪽에 다음과 같은 문장이 있다.

이 책에는 정확히 거짓말 하나가 적혀있다.

2쪽에는 다음과 같은 문장이 있다.

이 책에는 정확히 거짓말 두 개가 적혀있다.

그런 식으로 계속 이어진다. 거짓말 개수와 쪽 번호가 정확히 일치한다. 그래서 2019쪽에는 다음과 같은 문장이 있다.

이 책에는 정확히 거짓말 2019개가 적혀있다.

여기서 질문, 이 책 어딘가에는 진실이 적혀있을까? 그렇다면 어디인가?

Q41 침묵수도원의 영리한 수도자

현대 문명에서 멀리 떨어진 외진 수도원에서 수도자들이 옛날 중세시대처럼 지낸다. 문명의 이기는 없다. 세면대와 거울조차 없다.

게다가 모두가 독방에서 지내고, 침묵을 맹세했다. 수도자들은 서로 대화할 수 없고, 어떤 방식으로도 소통해선 안 된다. 이들은 매일 식당에 모여 점심을 같이 먹는다. 이때 원장이 이따금 짧게 전달사항을 말한다.

어느 날 원장이, 며칠 전부터 수도원에 퍼진 끔찍한 질병에 대해 알렸다. 적어도 한 명이 이미 이 병을 앓고 있는데, 이 병의 뚜렷한 증상은 이마에 생기는 파란 점이다. 초기 단계에서는 그 외에 다른 증상이 없다. 감염자가 2주 안에 수도원에서 격리된다면, 다른 수도자들은 안전하다.

"감염된 사실을 깨달은 수도자는 다음 공동 식사 전에 서둘러 수도원을 떠나야 합니다. 그래야 질병이 퍼지지 않아요."

전염병 확산에도 불구하고, 수도자들은 수도원의 모든 규칙을 계속 지켜야만 한다. 그러나 원장은 확신에 차서 말한다. "모든 감염자가 곧 발견될 것입니다. 우리 수도자들은 탁월한 논리력으로 유명하니까요."

8일이 지났을 때, 전체 수도자의 3분의 1이 공동 식사에 오지 않았다. 그들은 실제로 병에 걸린 수도자들이었다. 이 수도원에는 원래 몇 명의 수도자가 생활했을까?

Q42 잘못된 길?

섬에는 두 부족이 산다. 한 부족은 늘 진실을 말하고 다른 부족은 늘 거짓말을 한다. 겉모습으로는 두 부족을 구별할 수 없다. 즉 어떤 사람이 거짓말 부족이고 진실 부족인지 알 수 없다.

당신은 섬에 있는 성으로 가는 중인데, 갈림길에 도달했고 어느 쪽으로 가야 할지 모른다. 다행히 갈림길에는 길을 물을 수 있는 남자가 한 명 앉아 있다.

그는 이 섬 주민이다. 그러나 어느 부족 사람인지 당신은 알지 못한다. 당신은 이 남자에게 질문 하나만 할 수 있다. 오늘은 일요일이고 섬 주민들은 일요일에 가능한 한 말을 적게 하고자 하므로, '예' 혹은 '아니오'로 답할 수 있는 질문 하나만 허락된다.

당신은 어떻게 물어야 할까?

Q43 진실을 밝혀라

식당에 세 남자가 앉아 있다. 어떤 남자는 늘 거짓말을 하고 어떤 남자는 늘 진실만을 말한다. 종업원은 이들 중에 거짓말쟁이가 몇 명인지 알아내고자 한다. 종업원이 세 남자에게 각각 똑같은 질문을 한다. "당신은 거짓말쟁이입니까, 아니면 진실만을 말하는 정직한 사람입니까?"

첫 번째 남자가 대답했지만, 너무 작게 말해서 종업원은 알아듣지 못했다.

두 번째 남자가 대답했다. "첫 번째 남자는, 자신이 정직한 사람이라고 말했어요. 그건 사실입니다. 그리고 나 역시 늘 진실만을 말하죠."

세 번째 남자가 대답했다. "나는 늘 진실만을 말합니다. 하지만 다른 두 사람은 거짓말쟁이입니다."

종업원은 살짝 당혹감을 느꼈고, 자신이 질문을 잘못 골랐음을 깨달았다.

종업원을 위해, 누가 거짓말쟁이이고 누가 정직한 사람인지 찾아줄 수 있겠는가?

Q44 영리하게 질문하기

마술사가 섬에 도착했다. 이 섬에는 두 집단이 산다. 한 집단은 늘 거짓말을 하고, 또 다른 집단은 늘 진실을 말한다. 외모로는 두 집단을 구별할 수 없다.

마술사는 한 카페에서 여자 한 명을 만났다. 마술사는 이 여자가 어느 집단에 속하는지 모른다. 마술사는 단 하나의 질문으로 이 여자가 어느 집단에 속하는지 알아내야 한다.

단, 질문에는 한 가지 조건이 있다. 정답이 명확한 질문은 안 된다. 예를 들어, 1+1 같은 뻔한 질문은 할 수 없다.

마술사는 잠깐 생각한 후, 싱긋이 웃었다. "뭘 물어야 할지 알겠어."

당신도 알겠는가?

Q45 교차로에 선 산타클로스

크리스마스이브가 코앞이고 산타클로스는 분주하다. 빨리 시내로 가서 선물을 나눠줘야 한다. 그는 교차로에 다다랐고, 계속 직진해야 할지 아니면 오른쪽이나 왼쪽으로 방향을 틀어야 할지 결정해야 한다. 세 길 중에서 무엇이 옳을까?

다행히 교차로에는 길을 물을 수 있는 부엉이 한 마리가 앉아 있다. 그러나 이 지역의 부엉이들은 이상한 버릇이 있다.

부엉이들은 모든 질문에 오로지 "예" 혹은 "아니오"로만 답한다.

게다가 진실과 거짓을 늘 번갈아 답한다. 예를 들어 진실을 답한 뒤에는 다음 질문에 거짓을 답하고 그다음 질문에는 다시 진실을 답한다.

산타클로스는 부엉이에게 두 가지 질문을 할 수 있다. 하지만 그는 부엉이가 먼저 거짓으로 답할지 아니면 진실을 말할지 알지 못한다.

산타클로스는 어떤 두 가지 질문으로 올바른 길을 알아낼 수 있을까?

점, 선, 원

모든 것이 기하학이다

수학은 추상적 학문으로 통한다. 그러나 그렇지 않다. 기하학은 아주 구체적이기 때문이다. 이 장의 퀴즈들이 그것을 입증한다.

Q46 삼각형 피라미드

우리는 정사각형 종이로 피라미드를 만들고자 한다. 종이에는 선이 세 개 그어져 있다. 이 세 선을 접는 선으로 삼아 정사각형의 회색 모퉁이를 위로 접으면, 아래 그림처럼 파란색 삼각형을 바닥으로 하는 피라미드가 생긴다. 이 피라미드의 높이는 얼마일까?

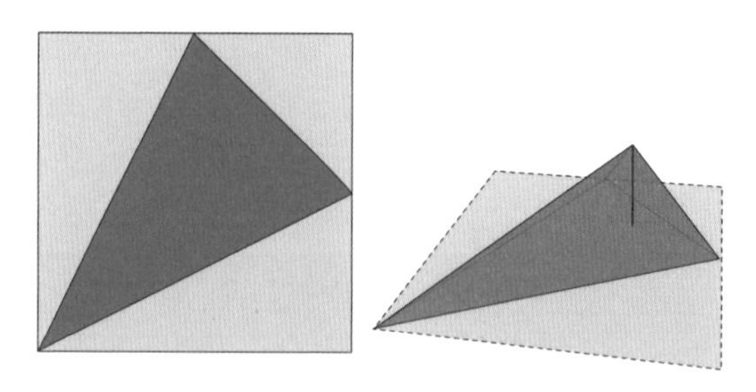

참고 정사각형의 한 변의 길이는 1이다. 접는 선 두 개는 왼쪽 하단 꼭짓점에서 정사각형의 윗변과 오른쪽 변의 중간 지점으로 연결된다. 세 번째 선은 윗변과 오른쪽 변의 중간 지점을 연결한다.

Q47 이상적 입체도형을 찾아서

이번 퀴즈는 대략 200년 전에 만들어졌다. 페터 프리드리히 카텔Peter

Friedrich Catel이라는 장난감가게 사장이 1790년에, 수백 가지 수학 퍼즐과 퀴즈가 담긴 상품 카탈로그를 만들었다.

카탈로그에 소개된 상품 중에 자두나무로 만든 판자가 있는데, 이 판자에는 구멍이 세 개 뚫렸고, 상품명은 '수학 구멍'이다. 가격은 8페니히이다.

구멍의 모양은 원형, 삼각형, 정사각형인데, 원의 지름과 정사각형의 변 그리고 삼각형의 밑변 길이가 모두 같다. 그림을 참고하라.

페터 프리드리히 카텔은 다음과 같은 문제를 냈다. "세 구멍 모두에 꼭 끼었다가 통과할 수 있는 입체도형을 찾아라." 장난감 발명자는, 빵이나 코르크 혹은 치즈를 잘라 필요한 입체 모형을 만들어 보라고 권했다.

세 구멍 모두에 꼭 끼었다가 통과하는 하나의 입체도형이 존재할까?

Q48 끈에 묶인 지구

수학적 직감은 아주 매력적이다. 우리는 깊이 생각하고 꼼꼼히 계산하지 않고도, 문제의 올바른 해답을 아는 경우가 있는데, 이때 무엇보다 경험이 우리에게 도움을 준다. 그러나 그냥 감으로 맞추기도 한다.

당신의 수학적 직감은 어떤가? 그것을 확인할 좋은 테스트가 여기 있다. 먼저 직감으로 답해보라. 그런 다음 정확히 계산하여 답하라. 두 경우에 같은 결과가 나올까?

문제는 다음과 같다.

> 지구의 적도를 따라 끈이 묶여 있다. 복잡함을 없애기 위해, 지구가 정확히 동그란 공 모양이고 표면도 매끄럽다고 가정하자. 그러니까 산도 없고 계곡도 없으며, 해수면과 육지가 같은 높이이다. 끈의 길이와 적도 둘레가 정확히 일치한다. 4만 킬로미터.

브라질 북부 부근에서 누군가 끈을 자르고 1미터를 더 연결했다. 그래서 끈이 원래보다 1미터 더 길어졌다.

이제 길어진 끈이 똑같이 원 모양으로 지구 둘레를 감싼다. 이 원의 중심점과 지구의 중심점이 일치한다.

그렇다면 끈은 지표면에서 얼마가 떨어져 있을까?

> a) 10센티미터 미만
>
> b) 10에서 20센티미터 사이
>
> c) 20센티미터 초과

Q49 다섯 줄로 선 나무 열 그루

고대 이집트에 벌써 화려한 정원이 있었다. 그러나 정원이 예술로 발달한 것은 한참 뒤인 르네상스 시대와 바로크 시대이다. 오늘날 우리는 베르사유궁전의 정원을 산책하며, 그 옛날 정원설계사가 심혈을 기울여 만들었을 다양한 기하학 형태에 감탄한다.

다음 퀴즈의 주인공인 정원사도 기하학을 아주 잘 알아야 한다. 작은 화분에 담겨 운송된 묘목 열 그루를 심어야 한다. 그러나 그냥 심는 게 아니다. 나무 열 그루는 다섯 줄을 형성하되, 한 줄에 네 그루씩 있어야 한다. 땅 주인이 그것을 원한다.

정원사는 땅 주인의 소망을 채울 수 있을까? 있다면 어떻게?

Q50 내부 정사각형의 크기는?

마트료시카는 신기한 인형이다. 인형 하나 안에 조금 더 작은 똑같은 인형이 들어있고, 그 안에 다시 조금 더 작은 똑같은 인형이 들어있고, 계속 그런 식으로 인형이 점점 작아진다. 다음의 퀴즈는 이 유명한 러시아 나무인형의 기하학 버전이다.

정사각형 안에 원이 있고, 이 원은 정사각형의 네 변 모두와 만난다. 원 안에 다시 다른 정사각형이 들어있고, 이 내부 정사각형의 네 꼭짓점이 원과 만난다.

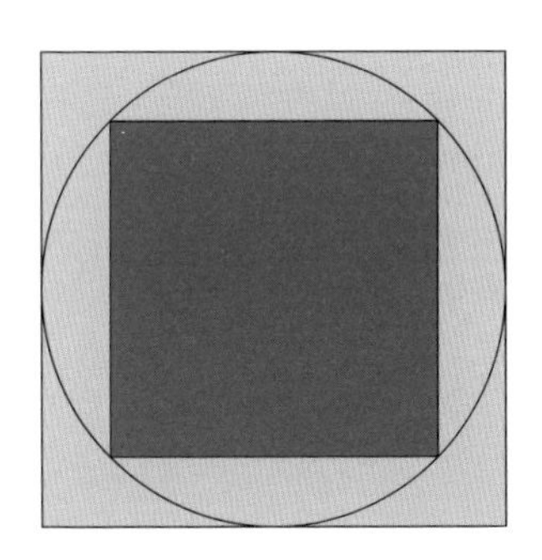

복잡해지지 않게, 선의 굵기는 0이라고 하자. 즉, 내부 정사각형의 꼭짓점은 원 위에 있다.

당신은 큰 회색 정사각형의 면적을 안다. 그렇다면 내부의 파란색 정사각형의 면적은 큰 정사각형의 몇 배일까?

Q51 구르는 동전

유로 통화가 도입된 지 약 20년이 되었다. 사람들은 유로가 도입되기 전에 통용되었던 지폐와 동전을 그저 어렴풋이만 기억할 수 있다. 유로 통화에서 가장 눈에 띄는 새로운 점은 1유로와 2유로짜리 동전이다.

두 동전 모두 링과 코어 두 부분으로 구성된다. 이번 퀴즈는 링과 코어 이 두 부분을 중심으로 글자 그대로 돈다!

동전을 평평한 곳에서 정확히 한 바퀴 굴린다. 그러면 아래의 그림에서처럼 A1에서 A2까지의 길이는 동전의 둘레와 같다.

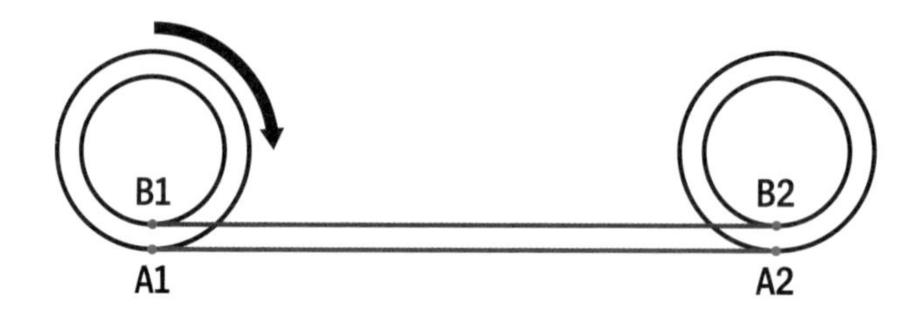

동전의 동그란 코어는 B1에서 B2까지 구른다. 그림이 보여주듯이, A1에서 A2까지의 거리와 B1에서 B2까지의 거리가 같다. 그러나 이것이 맞으려면, 동전의 바깥 테두리와 안쪽의 둥근 코어는 지름이 같아야 마땅하다.

뭐가 잘못된 걸까?

Q52 피자 조각 속의 원

둥근 피자를 여섯 조각으로 똑같이 나누면, 이른바 꼭지각이 60도인 부채꼴 여섯 개가 생긴다.

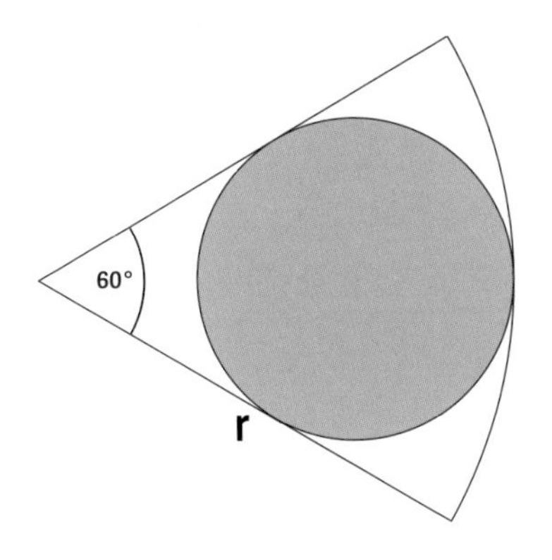

이런 부채꼴 하나에 원을 하나 그린다. 이 원은 위의 그림처럼 부채꼴의 바깥 변을 만난다.

피자의 반지름 r과 비교할 때 내부 원의 반지름 R은 얼마일까?

Q53 한 번에 점 16개 연결하기

일명 '니콜라우스의 집 그리기'라는 놀이를 모르는 사람은 없으리라. 연필을 떼지 않고 선을 따라 집을 그려야 한다. 이때 모든 선은 단 한 번만 지나야 한다.

이번 퀴즈는 니콜라우스의 집 그리기와 아주 비슷하다. 연필을 떼지 않고 직선 여섯 개를 그려야 한다. 니콜라우스의 집과 달리 주어진 선이 없고 그 대신 점 16개가 있다.

16개 점 모두를 적어도 한 번은 지나게 선을 그어야 한다. 대충 스치는 게 아니라 정확히 점의 중앙을 통과해야 한다.

할 수 있겠는가?

Q54 절단된 정육면체

다음의 문제는 3차원적 사고를 요구한다. 정육면체 하나를 직선으로 잘라 두 조각으로 만들고자 한다. 두 조각의 잘린 단면은 평평하다. 절단면은 어떤 기하학 모양일까?

정답은 정사각형이다. 정사각형 절단면을 만들기는 쉽다. 절단면과 정육면체의 한 면이 평행이 되게 자르면 된다.

그러나 절단면이 다음의 모양이어야 한다면 어떨까?

- 정삼각형

- 오각형
- 육각형

정육면체를 직선으로 잘라 이런 절단면을 만들 수 있을까? 어디를 어떻게 잘라야 할까?

Q55 원 여섯 개에 둘러싸여

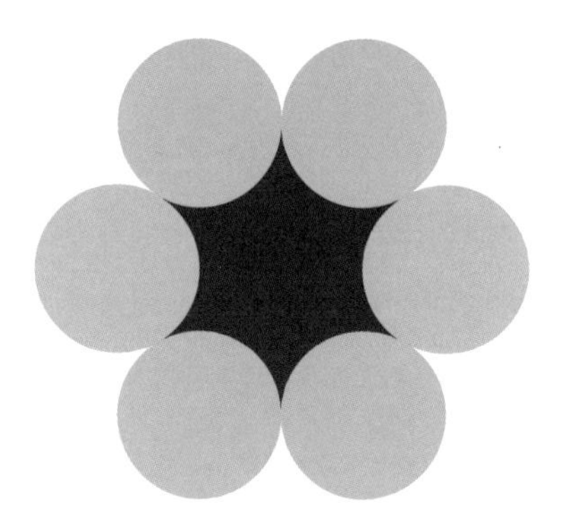

크기가 똑같은 원 여섯 개가 둥글게 모여 중앙에 육각형을 만든다. 위의 그림에서 원에 둘러싸인, 붉은색으로 칠해진 면적은 얼마일까?

참고 원 여섯 개의 반지름은 모두 똑같이 1이다.

Q56 경사진 절단면

정육면체는 우리가 생각하는 것보다 훨씬 신비하다. 그 안에는 많은 특징이 숨겨져 있다. 예를 들어, 절단면이 정삼각형이 되도록 정육면체를 직선으로 자를 수 있다. 절단면이 육각형이 되게 할 수도 있다.

다음의 문제는 아마 당신의 3차원 사고력을 한계에 도달하게 할 것이다. 절단면이 육각형이 되도록 정육면체를 잘라야 한다.

그러나 여기서는 보통 정육면체를 쓰지 않는다. 우리가 쓸 정육면체에는 (위의 그림처럼) 정사각형 모양의 구멍이 세 개 뚫려 있다. 정사각형 구멍의 한 변의 길이는 정육면체 한 변의 3분의 1이다.

구멍이 뚫린 이 정육면체를 잘라 절단면의 테두리가 육각형이 되게 해야 한다. 이때 육각형 절단면 중앙에 온전한 구멍이 하나 있어야 한다.

육각형 절단면은 정확히 어떤 모양일까?

신중하게 깊이 생각하기

영리한 전략이 필요한 퀴즈

룰렛, 카드게임, 체스 — 게임에서 좋은 전략을 찾을 때, 수학이 중요한 역할을 한다. 다음의 퀴즈들 역시 영리한 전략이 필요하다.

Q57 책상 위의 동전 100개

미하엘과 그의 여자친구 주잔네는 1센트짜리 동전 100개로 게임 하나를 개발했다. 책상 위에 동전 100개가 놓여있고, 두 사람이 번갈아서 한 개부터 여섯 개까지 원하는 만큼 동전을 가져간다. 가져가는 동전 개수를 매번 맘대로 정할 수 있다. 마지막으로 동전을 가져가는 사람이 게임에서 이긴다.

주잔네가 먼저 시작하기로 한다. 그러니까 주잔네는 최대 여섯 개까지 동전을 책상에서 먼저 가져갈 수 있다. 주잔네가 무조건 게임에서 이기려면 어떻게 해야 할까?

Q58 양을 지켜라

신선한 풀이 필요하다. 새로운 풀밭을 찾아 떠난 양 세 마리의 앞길을 강이 막아선다. 그리고 이들 곁에는 무시무시한 동행자가 있다.

늑대 세 마리와 양 세 마리가 강가에 있고, 이들은 모두 강을 건너고자 한다. 그러나 배가 작아 최대 두 마리만 탈 수 있다.

이론적으로, 한 마리가 나머지 다섯 동물을 한 마리씩 차례로 건너편으로 데려다주면 된다. 그러나 그러면 한쪽 둑에 양보다 늑대가 더 많아지고, 그러면 늑대가 양을 잡아먹을 수 있다.

양이 늑대보다 적은 수로 함께 있는 경우 없이, 여섯 마리 모두가 무사히 강을 건너려면 어떻게 해야 할까?

Q59 쫓기는 왕

체스판 위에 말이 두 개 있다. 오른쪽 하단 구석에 킹이 있고, 대각선(반대쪽 왼쪽 상단)에 나이트가 있다.

나이트는 킹을 잡으려 하고, 킹은 당연히 피해야 한다.

킹과 나이트는 일반 체스게임 규정대로 움직인다. 킹은 언제나 (직선 혹은 대각선으로) 인접한 필드로, 나이트는 장기의 말처럼 (두 칸 전진 후, 전진한 방향에서 오른쪽 혹은 왼쪽으로 한 칸) 이동한다.

나이트가 먼저 움직인다. 나이트에 잡히지 않으려면 킹은 어떻게 해야 할까?

Q60 정확히 100점 채우기 — 어떻게?

다트는 오랫동안 술집에서 즐기는 게임으로 통했다. 그러나 시대가 달라졌다. 프로 다트경기가 텔레비전에서도 중계된다. 그리고 '날으는 스코틀랜드인The Flying Scotsman'이라 불리는 게리 앤더슨Gary Anderson 같은 선수는 슈퍼스타들처럼 팬이 아주 많다.

우리의 다트판은 공식 대회에서 사용하는 것과는 다르다. **점수를 두 배와 세 배로 높이는 중앙 부분 고리와 이른바 '황소의 눈'이라 불리는 정중앙도 없다.**

그리고 위의 그림에서처럼, 1부터 20점까지 20개 영역이 아니라, 단지 10개 영역으로만 나뉜다. 10개 영역에는 다음과 같은 점수가 적혀있다.

6, 7, 16, 17, 26, 27, 36, 37, 46, 47

마이크, 크리스티안, 아일라 세 선수는 게임 한 판을 약속했고, 이 게임에서는 정확히 100점을 내야 한다. 각 영역에 적힌 기이한 점수 때문에, 세 선수는 먼저 그것이 과연 가능하기나 한지 한동안 곰곰이 생각한다. 세 선수는 기본적으로 원하는 위치에 정확히 던질 수 있다. 그들은 다음과 같이 선언한다.

마이크 : "세 번에 100점을 만들 수 있어."

크리스티안 : "그게 가능할지 모르겠군. 하지만 여섯 번을 던지면 확실히 가능해."

아일라 : "내가 아는 한, 100점을 만들려면 여덟 번을 던져야 해."

누구의 말이 맞을까?

참고 한 영역에 핀이 여러 개 꽂혀도 된다.

Q61 당신의 모자는 무슨 색일까?

자신이 쓴 모자의 색깔을 보지 않고 맞히기. 퀴즈의 고전이다. 여러 버전 중에서 다음의 문제는 특히 기발한 것 같다.

수감자 열 명이 석방의 기회를 얻는다. 남자가 다섯, 여자가 다섯이다. "모자 색을 맞히면 됩니다." 교도소 소장이 말한다.

"어떤 모자요?" 수감자들이 묻는다.

"내가 곧 모두에게 씌워줄 겁니다. 그 전에 먼저 남자와 여자 한 명씩 차례대로 섞어서 한 줄로 서도록 하세요."

모자는 붉은색 혹은 파란색 두 가지이다. "다른 사람의 모자는 볼 수 있지만, 자기 모자는 볼 수 없습니다. 자리를 바꾸거나 서로 얘기를 해서도 안 되고, 몰래 수신호로 소통하는 것도 금지입니다. 내가 모자를 씌워주면, 1분 동안 주위를 살필 수 있습니다. 그런 다음 한 명씩 내 방으로 부를 텐데, 그때 자신의 모자 색을 말하면 됩니다."

"에이, 너무 쉽잖아요!" 수감자 한 명이 말한다.

"정말 그렇게 생각하세요?" 소장이 대답한다. "각자 어떤 색을 내게 말했는지는 오로지 나만 압니다. 자신의 대답으로 다른 사람에게 각자의 모자 색을 유추할 정보를 전달할 수 있기를 바랐다면, 꿈 깨세요."

"이제 어떻게 하면 돼요?" 한 여자가 묻는다.

"자, 모자를 씌워주기 전에 생각할 시간 5분을 줄게요. 그동안에는 서로 얘기를 해도 됩니다. 하지만 모자가 씌워지는 즉시 대화는 끝입니다." 소장이 대답한다.

몇 명이 석방될까? 그리고 그러려면 어떻게 해야 할까?

Q62 어떤 상자에 어떤 포도주가 들었을까?

레드 아니면 화이트? 적합한 와인을 정할 때는 곁들이는 음식뿐 아니라 개인의 취향도 중요하다.

그러므로 와인 회사는 네 가지 선물상자를 기획했다. 각 상자에 세 병씩 들었는데, 고객의 취향에 따라 레드일지 혹은 화이트일지 달라진다.

첫 번째 상자에는 레드와인만 들었고, 두 번째 상자에는 화이트와인만 들었다. 세 번째 상자에는 레드와인 두 병과 화아트와인 한 병이 들었다. 네 번째 상자에는 반대로 레드와인 한 병과 화이트와인 두 병이 들었다.

화이트와인과 레드와인의 네 가지 선물상자가 하나씩 전시되었다. 그러나 상자에 라벨을 붙일 때 뭔가 오류가 있었다. 네 상자 모두 라벨 내용과 내용물이 일치하지 않는다.

당신은 이제 어떤 상자에 어떤 와인이 몇 병씩 들었는지 알아내야 한다. 그것을 위해 상자에서 병을 하나씩 꺼내도 되지만, 상자를 완전히 열어 상자 내부를 봐선 안 된다. 병을 꺼냈을 때 비로소 병에 붙은 라벨지로 와인의 색깔을 알 수 있다.

네 상자 모두의 내용물을 알아내려면 최소한 몇 병을 꺼내봐야 할까?

참고 우리는 최소 수치를 찾는다. 더 많은 병을 상자에서 꺼내야만 답을 알 수 있는 조합도 있을 수 있다.

Q63 도화선 두 개로 15분 측정하기

점화 후 정확히 한 시간 동안 연소하는 도화선이 두 개 있다. 당신은 이 두 도화선으로 15분을 측정해야 한다. 어떻게 해야 할까?

이때 도화선을 잘라서도 안 되고, 중간 지점을 확인하기 위해 접어서도 안 된다. 도화선은 타는 속도가 고르지 않기 때문에 그래 봐야 소용없다. 도화선이 타는 속도는 매우 불규칙적이다. 확실한 것은 도화선이 타는 데 총 60분이 걸린다는 사실뿐이다.

추가 문제 하나 더 : 도화선 두 개가 아니라 하나로도 15분을 측정할 수 있을까?

Q64 모든 정사각형을 없애라

샘 로이드Sam Loyd, 1841-1911는 탁월한 체스선수였고, 수많은 퀴즈와 게임을 발명했다. 그가 발명한 퀴즈들은 신문과 잡지에 실렸고, 수백만 명이 읽었다. 로이드 덕분에 우리는 다음의 성냥개비 문제를 얻었다.

성냥개비 40개로 위의 그림처럼 정사각형 16개로 구성된 그물을 만들었다. 그러나 이 그물에는 1×1 크기의 정사각형 16개 이외에 더 많은 정사각형이 들어있다. 4×4 크기의 정사각형이 하나, 3×3 크기의 정사각형이 넷, 2×2 크기의 정사각형이 다섯 개이다. 그러므로 정사각형이 총 30개이다.

당신은 이제 성냥개비를 치워, 정사각형을 모두 '파괴'해야 한다. 성냥개비를 최소한 몇 개 치워야 할까?

Q65 수학 천재가 가장 좋아하는 퀴즈

수학자 페터 숄체Peter Scholze는 독일에서 가장 위대한 수학 천재로 통한다. 그는 2018년에 리우데자네이루에서 수학 분야 최고의 상인 필즈 메달을 받았다.

페터 숄체는 학창시절부터 이미 수학 퀴즈를 즐겨 풀었다. 그가 특히 좋아했던 퀴즈를 여기에 소개하고자 한다. 이 퀴즈는 러시아 작가 블라디미르 류쉰Vladimir Lyuschin의 책 『해군중령 1Fregattenkapitän Eins』에서 발췌했다.

사자 한 마리가 사막에서 정사각형 울타리 안에 산다. 이 울타리의 한 변 길이는 10킬로미터이다. 이제 당신은 이 사자를 한 변의 길이가 10미터인 정사각형 울타리 안에 가둬야 한다.

당신은 사막에 새 울타리를 쳐도 된다. 단, 밤에만 칠 수 있다. 낮에는 사자가 당신을 발견하고 바로 잡아먹을 수 있기 때문이다. 반면, 밤에는 사막에 들어가도 안전한데, 사자는 야맹증이 있고 게다가 주로 잠을 자기 때문이다. 사자는 밤에 발소리를 들으면, 안전을 위해 일단 도망친다. 그러므로 당신이 어둠 속에서 실수로 사자를 밟을 위험은 없다.

맘에 드는 곳 어디에나 울타리를 쳐도 된다. 단, 반드시 직선이어야 한다. 명심하자. 울타리는 하룻밤에 한 개만 칠 수 있다. 한 번 세운 울타리는 옮길 수 없다. 낮에는 사자를 잘 볼 수 있지만, 밤에는 볼 수 없다.

사자를 최대 10미터 길이의 정사각형 울타리 안에 가둘 때까지 몇 밤이 필요할까?

Q66 암호

막스는 천재 전용 클럽에 너무너무 가고 싶다. 하지만 문지기가 모든 방문자에게 일일이 일종의 암호를 묻고, 올바른 대답을 내놓는 사람만 들여보낸다.

어느 날 아주 큰 트럭이 클럽 입구 옆에 주차했다. 막스는 트럭 뒤에 숨어 문지기와 방문자가 주고받은 다음의 대화를 엿들을 수 있었다.

문지기 : "sechzehn(16)."

손님 : "acht(8)."

문지기 : "어서 오십시오. 이쪽으로 입장하세요."

문지기 : "acht(8)."

손님 : "vier(4)."

문지기 : "어서 오십시오. 이쪽으로 입장하세요."

문지기 : "achtundzwanzig(28)."

손님 : "vierzehn(14)."

문지기 : "어서 오십시오. 이쪽으로 입장하세요."

막스는 암호를 알 것 같았다. 그래서 자신 있게 문지기에게 갔다.

문지기 : "achtzehn(18)."

막스 : "neun(9)."

그러자 문지기가 막스를 윽박질렀다.

"꺼져, 너 따위가 올 데가 아니야."

막스는 뭐라고 답해야 했을까?

참고 이 문제에서는 불가피하게 독일어를 알아야 합니다. 1(eins), 2(zwei), 3(drei), 4(vier), 5(fünf), 6(sechs), 7(sieben), 8(acht), 9(neun), 10(zehn), 14(vierzehn), 16(sechzehn), 18(achtzehn), 28(achtundzwanzig)

Q67 체스 보드 위의 다섯 퀸

다음의 퀴즈를 풀기 위해 반드시 체스를 잘 둬야 하는 건 아니다. 하지만 체스에서 퀸이 어떻게 이동하는지는 알아야 한다. 퀸은 원하는 만큼 여러 필드를 이동할 수 있다. 그러나 오로지 대각선과 가로세로 직선으로만 이동한다. 전진 후진, 어떤 방향이든 상관없다.

당신 앞에 빈 체스 보드가 놓여있다. 퀸 다섯 개를 보드에 놓아야 한다. 이때 적어도 퀸 하나가 모든 빈 필드를 위협해야 한다. 달리 말하면, 모든 빈 필드는 적어도 퀸 하나로부터 한 번에 잡힐 수 있어야 한다.

영리한 분배

가능성과 확률

누가 주사위의 행운을 거머쥘까? 양말 복권에서 어떤 색상이 당첨될까? 이 장은 확률과 조합을 다룬다. 당신이 이길 확률은 얼마일까?

Q68 뒤죽박죽 우체국

우체국은 우체통의 우편물을 수거하고 분류하여 각각의 수신자에게 배달할 뿐만 아니라, 편지와 소포 발송을 대신하기도 한다. 예를 들어 브라질, 스웨덴, 싱가포르에 있는 거래처에 계산서를 대신 발송해준다. 물론, 일하다 보면 더러 실수가 생기기도 한다.

각 계산서에는 개인정보가 들어있으므로 봉투 안에 넣어서 발송해야 한다. 봉투에는 이미 수신자의 주소가 적혀있다.

아무튼, 브라질로 가는 계산서들은 브라질 주소가 적힌 봉투 안에 하나씩 넣었다. 스웨덴과 싱가포르로 가는 계산서도 각각 스웨덴 주소와 싱가포르 주소가 적힌 봉투 안에 넣었다. 그러나 한 통을 제외한 모든 계산서가 반송되었다. 봉투에 적힌 수신자 이름과 계산서에 적힌 이름이 일치하지 않았기 때문이다. 제대로 전달된 계산서 하나는 싱가포르로 간 계산서였다. 그것만 올바른 수신자에게 전달되었다.

뒤바뀐 계산서에 관해 들은 우체국 국장이 말한다. "정말 희한하네요. 계산서가 봉투에 잘못 들어갈 가능성은 수도 없이 많겠지만, 지금 같은 일이 벌어질 수 있는 경우의 수는 오직 여섯 가지뿐입니다."

잘못 발송된 계산서는 총 몇 개일까?

참고 우체국 국장은 계산서가 어떤 나라로 몇 통이 발송되었는지 안다. 국가당 적어도 한 통은 발송되었다.

Q69 양말 복권

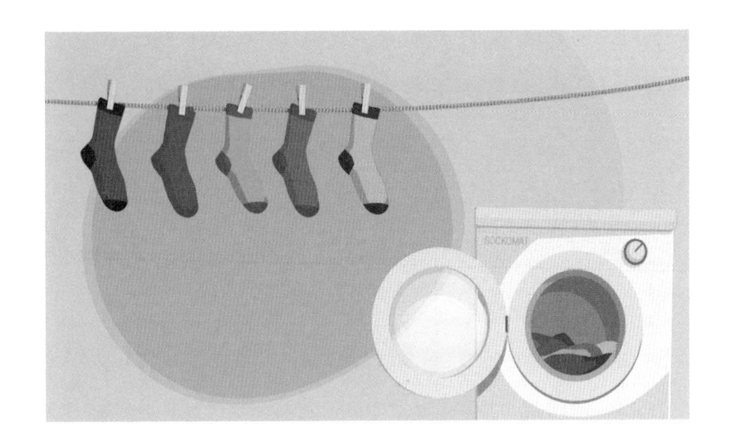

이 퀴즈의 주인공인 하랄트는 월요일부터 금요일까지 매일 다른 색상의 양말을 신는다. 그리고 이 다섯 켤레 양말은 토요일마다 한꺼번에 세탁기에 들어간다.

하랄트는 탈수 뒤에 무작정 세탁기 안에 손을 열 번 넣었다 꺼내며, 양말 한 짝씩 꺼낸다. 이렇게 무작위로 꺼낸 양말을 순서대로 빨랫줄에 넌다.

하랄트가 매번 목격했듯이, 양말은 결코 색상대로 짝을 맞춰 분류되지 않았다. 그것에 약간 화가 난 하랄트는 양말을 색상별로 잘 정리하고 싶어졌다. 물론, 빨랫줄에 걸기 전에 색상별로 분류할 수 있을 터이다. 혹은 세탁기 안을 잘 보고 어떤 색 양말을 꺼낼지 정해도 된다.

그러나 무작위로 꺼내더라도, 마치 색상별로 분류한 듯 양말 열 개를 순서대로 꺼내 너는 일은 발생할 수 없을까? 적어도 그런 일은 일어나지 않는다고 단정할 수 없다.

하랄트는 궁금해졌다. 토요일마다 양말 다섯 켤레를 빨아 무작위로 꺼내 널 때, 우연히 색상별로 짝맞춰 분류될 때까지 평균 몇 년이 걸릴까?

참고 양말 다섯 켤레는 각각 다른 색상이다. 1년이 52주라고 가정하자.

Q70 주사위 행운

자비네가 주사위를 가지고 논다. 계속해서 주사위를 책상에 굴린다. 어떤 수가 나오느냐는 우연이다. 자비네는 당연히 그것을 안다. 하지만 우연에도 규칙이 있다. 주사위를 충분히 여러 번 던지면, 여섯 가지 수가 대략 비슷한 빈도로 나온다.

"확률이 같으니까, 특정 횟수를 던지면 1에서 6까지의 모든 수가 적어도 한 번씩 나와야 해. 안 그래?" 자비네는 생각한다.

그러나 잠시 곰곰이 생각한 뒤에, 자비네는 반드시 그런 건 아님을 확인한다. "계속해서 1만 나올 수도 있는 거잖아." 1만 계속 나올 확률은 비록 아주아주 낮지만, 전혀 불가능한 것도 아니다.

그러므로 자비네는 약간 다르게 질문한다. "1에서 6까지 모든 수가 적어도 한 번씩 나오려면, 주사위를 평균 몇 번 던져야 할까?"

정답을 아는가?

Q71 트렌치코트 룰렛

정보요원 네 명이 임무 수행 중에 입는 유니폼 차림으로 술집에 간다.

싸구려 짝퉁 브랜드 '빅토르 시크릿'의 베이지색 트렌치코트! 이들은 모두 체격이 같다. 그래서 트렌치코트는 사이즈도 같고 당연히 구별도 안 된다.

요원들은 코트를 벗어 한 곳에 걸어두었다. 맥주를 두 잔씩 마신 뒤에, 옷걸이로 가서 무작위로 코트를 다시 챙겼다.

적어도 한 명이 자신의 코트를 다시 입을 확률은 얼마인가?

Q72 주사위 대결

니콜라와 플로리안은 주사위 게임을 개발했다. 주사위 두 개를 동시에 던진다. 두 주사위 수의 합이 짝수이면 니콜라가 1점을 따고, 홀수이면 플로리안이 1점을 딴다.

이것은 공정한 게임일까? 아니면 둘 중 한 명에게 더 유리할까?

Q73 새 기차역은 몇 개인가?

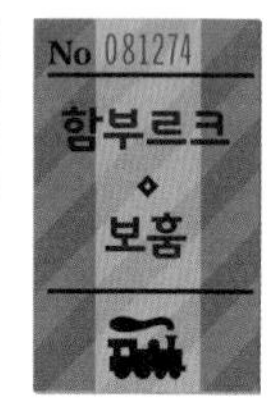

첫눈에 알 수 있듯이, 이 퀴즈는 아주아주 옛날에 만들어졌다. 기차역 발권창구에서 판매되던 종이 기차표를 본 적이 있는가? 모든 구간에 기차표가 있었다. 예를 들어 베를린에서 함부르크로 가는 표가 있고, 당연히 함부르크에서 베를린으로 돌아오는 표도 따로 있었다.

철도망이 하나뿐인 작은 나라에 산다고 가정해보자. 기차는 여러 기차역을 지난다. 각 기차역에는 종이 기차표를 살 수 있는 발권창구가 있다. 여기서 다른 기차역으로 가는 편도표를 살 수 있다. 왕복일 경우 표를 두 장 사야 한다. 출발역과 도착역이 각각 다르기 때문이다.

이제 철도망이 확장되어 새로운 기차역들이 추가된다. 말하자면, 여행객이 기차로 갈 수 있는 목적지가 추가된다. 새로 추가된 기차역에서 기존 기차역으로도 당연히 여행할 수 있다. 새 기차역이든 기존 기차역이든 상관없이 어디든 갈 수 있다.

철도망 확장으로 인쇄소는 34종류의 새 기차표를 추가로 제작하여 각 기차역에 나눠줘야 한다.

새로 추가된 기차역은 몇 개일까?

Q74 일곱 난쟁이, 일곱 침대

모두가 매일 언제나 똑같은 일을 정확히 한다면, 잘못될 일도 그리 많지 않을 것이다. 하지만 그러면 금세 약간 지루해질 것이다. 언제나 똑같은 방식으로 잠을 자러 가는 일곱 난쟁이도 그랬다.

각 난쟁이에게는 자기만의 침대가 있다. 먼저 가장 작은 난쟁이가 침대에 오르고 그다음 두 번째로 작은 난쟁이, 그다음 세 번째로 작은 난쟁이, 그렇게 순서대로 침대에 누워 마지막에 가장 큰 난쟁이가 침대에 눕는다.

어느 날 저녁, 장난기가 발동한 가장 작은 난쟁이가 살짝 변화를 꾀한다. 그는 자기 침대에 눕지 않고 무작위로 선택한 난쟁이의 침대에 눕는다.

다음 순서로 온 두 번째로 작은 난쟁이는 자기 침대로 간다. 그것이 비어 있으면, 거기서 자고, 만약 누군가 벌써 누워있으면 무작위로 다른 침대를 선택한다. 다음 난쟁이도 이와 똑같이 한다.

그렇다면 이날 저녁에 가장 큰 난쟁이가 자기 침대에서 잘 확률은 얼마인가?

Q75 찌그러진 동전

정말이지 화가 나는 일이다! 심판은 항상 최대한 공정하려 애쓴다. 그런데 진영을 결정하기 위해 던지는 동전이 찌그러진 게 아닌가! 이런 동전은 무작위적인 공정한 결정에 적합하지 않다.

축구에서 진영 선택은 일반적으로 다음과 같이 진행된다. 원정팀의 주장이 먼저 동전 면을 선택하고, 홈팀의 주장이 남은 면을 선택한다. 그러면 심판이 동전을 던지고, 승자가 전반전 경기의 공격 방향을 선택한다.

그러나 주장들은 찌그러진 동전이 의심스럽다. 그래서 속으로 묻는다. '이것이 공정할까?' 당연히 아니다!

그러나 심판은 좋은 아이디어를 생각해 냈다. 찌그러진 동전으로 성공 확률을 50 대 50으로 똑같게 하려면, 어떻게 해야 할까?

Q76 비디오 판독

루트비히, 마리에, 오펠리아는 매일 달리기 시합을 한다. 결승선을 통과하는 순간은 아주 짧지만, 한 친구가 늘 사진을 찍어 시합 뒤에 누가 1등, 2등, 3등인지 확인할 수 있게 한다.

30일 동안 30번 시합을 했고, 세 사람은 결과를 살폈다.

- 결승선에서 루트비히가 마리에 앞에 있는 경우가 그 반대 경우보다 더 많았다.
- 결승선에서 마리에가 오펠리아보다 앞에 있는 경우가 그 반대 경우보다 더 많았다.

이럴 때 결승선에서 오펠리아가 루트비히보다 앞에 있는 경우가 그 반대 경우보다 더 많을 수 있을까?

Q77 조합론 협회는 새로운 회장을 어떻게 뽑을까?

조합론 협회는 현재 새로운 회장을 찾고 있다. 단 한 명을 뽑는 데, 스무 명이 자원했다. 협회의 연례 모임 때 후보자들이 소개되고, 토론을 거쳐 투표가 진행될 예정이다.

너무 복잡해지지 않도록, 스무 명 중 열 명씩만 무대에 올라 30분간 토론한다.

공정한 선거를 위해, 후보자는 오직 말로만 공격할 수 있고, 공격을 받은 사람들도 방어의 기회를 보장받아야 한다.

후보자 스무 명 모두가 적어도 한 번은 각각 다른 후보자와 함께 무대에 오르려면, 열 명으로 구성된 토론이 총 몇 번 필요할까?

Q78 댄스동호회의 나이 점검

댄스동호회 '웨딩'은 일주일에 한 번씩 술집에 모여 탱고를 춘다. 신혼부부만 회원으로 받아준다. 그래서 동호회 이름이 '웨딩'이다.

회원의 나이를 항상 정확히 파악하기 위해, 동호회 이사회는 세 가지 목록을 작성한다.

- 첫 번째 목록에는, 남편의 나이에 따라 오름차순으로 부부가 분류되어 있다.
- 두 번째 목록에서는 아내의 나이가 부부의 위치를 결정하는데, 여기에서도 가장 젊은 사람이 맨 위에 있다.
- 세 번째 목록에서는 부부 나이의 합에 따라(남편의 나이+아내의 나이) 오름차순으로 기록되어 있다.

첫 번째 목록에서는 항상 마이어 부부가 7위에 있고, 카이저 부부가 8위에 있다. 두 번째 목록에서는 정확히 반대다. 카이저 부부가 7위에 있고, 마이어 부부가 8위에 있다.

부부 나이의 합에 따라 순위가 정해진 세 번째 목록에서는, 마이어 부부가 맨 위에 있다. 그러니까 그들이 가장 젊다. 반면, 카이저 부부는 맨 끝쪽에 있다.

댄스동호회의 회원은 모두 몇 쌍일까?

무게, 배, 개

물리학 퀴즈

수학이 없는 물리학은 생각조차 할 수 없다. 그래서 달리는 개, 흐르는 물, 나는 비행기에 관한 멋진 퀴즈들이 아주 많다. 당신 안에 있는 아인슈타인을 깨워라!

Q79 학교는 언제 끝났을까?

율레스와 메를레는 초등학교 1학년이고 외딴 마을에 산다. 둘은 매일 아침 버스를 타고 학교에 간다. 오후에는 메를레의 아버지가 자동차로 둘을 데려온다. 메를레의 아버지는 언제나 어김없이 마지막 수업이 끝나는 시간에 정확히 맞춰 온다.

어느 날 수업이 평소보다 일찍 끝났다. 그래서 두 학생은 메를레의 아버지가 오는 쪽으로 마중을 나가기로 했다. 율레스와 메를레는 정확히 30분을 걸었고, 그때 메를레의 아버지를 만났다. 그 자리에서 차를 탔고 세 사람은 평소보다 20분 일찍 마을에 도착했다.

여기서 질문 : 이날 수업은 평소보다 몇 분 더 일찍 끝났을까?

참고 실제로 그럴 수 없을 것 같겠지만, 어쨌든 자동차가 항상 같은 속도로 달린다고 가정하자. 또한, 아이들을 차에 태우는 데 들어간 시간은 없다고 치자.

Q80 거울아, 거울아, 벽에 걸린 작은 거울아

동화 「백설공주」에서 거울이 중요한 역할을 한다. 허영심 많은 못된 여

왕이 거울에게 자꾸자꾸 묻는다. "거울아, 거울아, 벽에 걸린 작은 거울아, 세상에서 누가 제일 예쁘니?"

거울은 계속해서 여왕이 제일 예쁘다고 대답한다. 그러나 어느 날 거울이 다른 대답을 한다. "여왕님, 여왕님은 예쁘십니다. 하지만 백설공주는 여왕님보다 천 배 더 예쁩니다."

아름다움을 어떻게 측정할 수 있느냐는 질문은 여기서 다루지 않기로 하자. 우리가 측정해야 할 것은 거울의 크기다. 여왕이 자신의 모습 전체를, 그러니까 왕관을 포함하여 머리부터 발끝까지 전신을 거울에서 볼 수 있으려면, 거울은 얼마나 커야 할까? 여왕은 언제나 거울 앞에 똑바로 서고, 거울 역시 벽에 직선으로 걸려 있으며, 이 거울은 평면거울이다. 여왕의 전신을 비추려면 이 거울의 세로 길이는 최소한 얼마여야 할까?

추가 질문 두 개

1. 거울과 바닥의 간격은 얼마여야 할까?
2. 가능한 한 작은 거울을 걸려면, 여왕은 거울에서 얼마나 멀리 떨어져 서야 할까?

Q81 섬 관광

비행기 한 대가 매일 직항으로 이웃섬을 왕복 운행한다. 이 지역의 날씨는 매우 안정적이다. 바람이 불면, 온종일 일정한 강도로 똑같이 불고 방향이 바뀌지도 않는다. 바람이 없으면 역시 온종일 바람이 없다.

바람 상태와 무관하게, 터빈의 추진력은 언제나 똑같고, 조종사는 갈 때와 올 때 아무것도 바꾸지 않는다. 이륙과 착륙에 걸리는 시간도 늘 똑같다.

올해 첫 비행 때는 왕복 모두 바람이 없었다. 그런데 만약 이웃섬으로 갈 때 강한 역풍이 불고 돌아올 때 같은 강도로 순풍이 불면, 왕복 총 비행시간은 어떻게 변할까?

비행시간이 그대로일까? 아니면 늘어나거나 단축될까?

Q82 등산

중요한 정보가 빠져서, 절대 풀 수 없을 것 같은 문제가 있다. 이번 퀴즈도 확실히 그래 보인다. 그러나 궁리하면 풀 수 있다.

어떤 여자가 9시에 등산을 시작한다. 여자는 체력이 아주 좋아 중간에 쉬지 않는다. 등산로는 평평한 길, 오르막길, 내리막길을 거쳐 산정상으로 안내한다. 여자는 정상에 도착하자마자 다시 발길을 돌려 같은 길을 따라 출발점으로 돌아온다. 도착 시각은 정각 18시이다.

여자는 길에 따라 다른 속도로 걷는다. 평평한 길은 시속 4킬로미터, 오르막길은 시속 3킬로미터, 내리막길은 시속 6킬로미터. 그러나 우리는 여자의 등산 코스를 상세히 알지는 못한다.

이 여자가 걸은 총 거리는 얼마일까?

Q83 정확한 타이밍

우리의 사이클선수는 하루 120킬로미터를 달린다. 그것에 정확히 4시간이 걸린다. 말하자면 평균 시속이 30킬로미터이다.

달리는 동안 속도는 당연히 일정하지 않다. 오르막길이거나 역풍이 불면, 내리막길이나 순풍일 때보다 더 천천히 달린다. 그러나 우리는 경로의 상황과 바람 상태를 정확히 알지는 못한다.

총 120킬로미터의 긴 경로 중에, 시속 30킬로미터로 달리는 구간이 반드시 있음을 증명하라.

Q84 내비게이션의 조화

조화는 아름답다. 음악을 들을 때 혹은 친구들과 함께 있을 때도 조화로움을 느낄 수 있다. 그리고 여행 때 혹은 수학에서도 조화를 느낄 수 있다. 원한다면, 운전하면서 내비게이션에서도 조화를 느낄 수 있다.

이 퀴즈의 주인공은 차를 타고 인적이 드문 지역을 달린다. 그리고 솔직히 고백하자면, 숫자 페티시가 있다. 문득 내비게이션 화면을 보고 조화로운 숫자에 짜릿함을 느낀다. 화면에 숫자 100이 연달아 두 번 표시되었기 때문이다. 한 번은 목적지까지 남은 거리 100km, 그리고 그다음에는 현재 속도 100km/h.

운전자는 곰곰이 생각한다. 점점 짧아지는 남은 거리에 맞춰 속도를 점점 줄이면, 계속해서 같은 숫자가 조화롭게 연달아 두 번 표시될 수 있으리라. 예를 들어 목적지까지 99km 남았을 때 99km/h 속도로 달리고, 98km가 남았을 때는 98km/h 속도로 달린다. 그런 식으로 계속 속도를 줄이면, 비록 황량한 지역을 달리는 시간은 늘겠지만, 아무튼 오랫동안 숫자의 조화를 만끽할 수 있다.

여기서 문제 : 운전자가 목적지까지 남은 거리에 맞춰 계속 속도를 줄이면, 목적지까지 얼마나 걸릴까?

참고 속도와 거리는 자연수로 표시된다. 그러니까 소수점 이하 숫자는 없다.

Q85 동물의 달리기 시합

동물들은 놀랍도록 빨리 달릴 수 있다. 사바나에서 시속 50km 혹은 60km는 보통이다. 말, 기린, 코끼리가 달리기 시합을 하기로 약속했다. 1000미터 경주이고, 언제나 두 마리만 달린다.

첫 번째 경주에서 말이 기린을 이긴다. 말이 기린보다 100미터 앞서서 결승선을 통과한다.

두 번째 경주에서 기린이 코끼리를 이긴다. 기린은 코끼리보다 200미터를 앞선다.

마지막으로 말과 코끼리가 대결한다. 말은 코끼리보다 몇 미터를 앞서서 결승선을 통과할까?

참고 각 동물은 경주 때마다 같은 속도로 달린다.

Q86 구리 혹은 알루미늄?

당신 앞에 똑같이 생긴 하얀 공 두 개가 있다. 둘 다 금속으로 만들어졌고 내부는 비었으며 무게가 똑같다. 하나는 알루미늄으로 만들어졌고, 다른 하나는 구리로 만들어졌다.

가능한 한 간단한 실험으로, 어떤 공이 어떤 금속으로 만들어졌는지 알아내야 한다. 어떻게 해야 할까?

참고 하얗게 색칠된 표면을 긁어내면 안 된다. 실험실 기기를 사용해서도 안 된다. 자석도 안 된다.

Q87 성실한 양치기 개

학창시절 물리 시간에 배운 **등속직선운동**을 분명 기억할 것이다. **어떤 물체가 속도와 방향을 바꾸지 않고 일정하게 움직인다.** 이것은 특별히 복잡하지 않다.

그러나 다음의 문제가 보여주듯이, 서로 다른 속도와 급작스러운 방향 전환이 등속직선운동에 더해지면 금세 복잡해진다.

양치기 개 알렉소는 언제나 아주 성실하게 양을 잘 살핀다. 양들은 새로운 풀밭으로 이동할 때, 100미터 길이로 줄지어 일정한 속도로 방향전환 없이 움직인다.

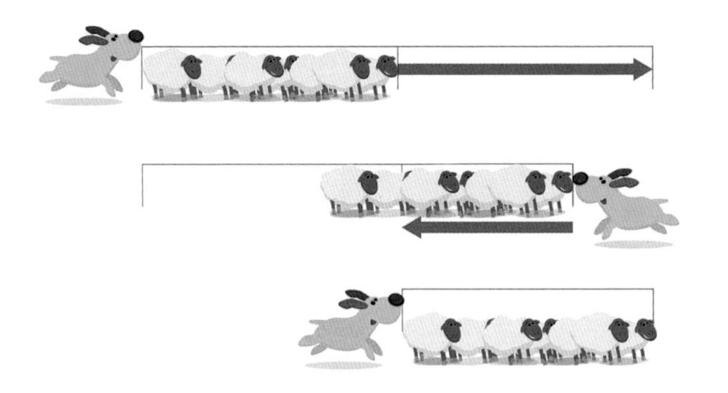

알렉소는 양 떼의 맨 끝에 있다가 양 떼의 맨 앞을 향해 달린다. 맨 앞에 도착하면 즉시 방향을 바꿔 다시 맨 뒤로 번개처럼 돌아간다. 위의 그림을 참고하라. 알렉소가 맨 뒤에 도착했을 때, 양 떼는 정확히 100미터를 이동했다.

양과 개가 일정한 속도로 방향전환 없이 움직이고, 개가 방향을 바꿀 때 시간이 허비되지 않는다고 가정하자.

알렉소가 양 떼의 맨 뒤에서 맨 앞까지 갔다가 다시 되돌아왔을 때, 알렉소가 움직인 거리는 얼마일까?

Q88 해가 동쪽으로 지는 곳

시와 노랫말에서 일몰은 매우 인기 있는 소재이다. 그렇다, 일몰은 자연이 제공할 수 있는 가장 낭만적인 순간에 속한다.

그러나 하늘에 펼쳐지는 장관은 상당히 고정된 과정을 거친다. 일몰은 언제나 서쪽에서 진행된다. 지구가 동쪽으로 돌기 때문이다. 당연한 결과로 일출은 동쪽에서 진행된다.

여기서 질문 : 동쪽에서도 일몰을 보고 감탄할 수는 없을까? 어떻게 생각하는가?

참고 북극과 남극의 두 관찰지점은 해답에서 제외한다. 그곳에서는 동쪽과 서쪽을 정할 수 없기 때문이다.

Q89 완벽히 균형 잡힌 회전목마

바퀴가 빠르게 회전할 때, 균형을 잃는 일이 있어선 안 된다. 균형을 잃으면 바퀴는 원을 그리며 달릴 수 없을 터이다. 그래서 자동차 바퀴의 경우, 테 가장자리에 부착된 작은 금속조각이 바퀴의 흔들림을 막아준다.

24명을 태울 수 있는 회전목마의 운행자 역시 이 문제를 안다. 균일한 간격으로 둥글게 놓인 24개 자리에, 체중이 같은 사람들이 꽉 채워 앉으면, 모든 것은 잘 진행된다. 그러나 승객이 부족할 때가 자주 생긴다. 그럼에도 회전목마가 균형을 유지할 수 있을까?

여섯 명이면 간단하다. 승객과 승객 사이에 세 자리를 비워두면 된다. 즉 승객의 위치가 정육각형을 만든다. 그렇게 회전목마는 균형을 유지하며 잘 돈다.

그러나 다른 수에서는 어떨까? 승객이 몇 명일 때 운행이 문제없이 가능할까?

참고 모든 승객의 체중이 같다고 가정하자. 승객들이 공동으로 만든 형태의 무게중심과 회전목마의 중심이 일치하면, 회전목마는 균형을 이룬다.

어려운 퀴즈

진정한 도전

마지막으로 가장 어려운 최종 단계가 남았다. 머리에서 연기가 나게 하는 문제들. 조언을 하나 주자면, 한 번에 풀 생각 말고, 여러 날에 걸쳐 계속해서 곰곰이 생각하라. 결정적인 아이디어가 떠오를 때까지 한참을 더 기다려야 할 때도 있다.

Q90 동전 하나 - 3회 연속

막스가 마야에게 동전 게임을 제안한다. “동전을 여러 번 반복해서 던지는데, 숫자 면이 연달아 세 번 나오면, 내가 이기는 거야.”

“그럼 나는 언제 이겨?” 마야가 묻는다.

“연속해서 세 번 나오는 조합을 하나 만들어. 숫자 면이든 그림 면이든 맘대로 섞을 수 있어. 네가 만든 조합이 먼저 나오면 이기는 거야.”

마야는 어떻게 조합해야 할까? 마야가 이길 확률은 얼마일까?

Q91 빌어먹을 연필

건축설계사는 건물을 설계할 때, 동선을 가능한 한 짧게 해야 한다. 엘리베이터, 계단, 문들을 어디에 둬야 최선일까? 최소한의 길이로 모든 공간을 연결하려면, 배관과 배선을 어떻게 구성해야 할까?

이번 퀴즈는 이런 문제의 추상적 버전이다. 어쩌면 공 네 개의 과제를 알 것이다. 각 공이 나머지 공 세 개와 닿게 하려면 어떻게 배치해야 할까?

잘 알려져 있듯이, 정답은 다음의 그림처럼 공 네 개로 삼각형 피라미드를 쌓으면 된다.

이제 당신이 풀어야 할 퀴즈는 약간 더 까다롭다. 각 연필이 나머지 다섯 자루와 닿도록 연필 여섯 자루를 정돈하라.

추가 문제 : 연필이 일곱 자루인 경우도 풀어보라!

참고 연필은 둥글고, 한쪽만 뾰족하게 깎였다.

Q92 공주는 어디에?

결혼식 준비가 한창일 때, 충격적인 소식이 왕자에게 전달되었다. 공주가 사라졌다!

소문에 의하면, 공주는 납치되었다. 하필이면 논리의 섬으로! 그곳에서는 모두가 철저히 논리를 따른다. 논리의 섬에는 두 부족이 산다. 한 부족은 항상 진실만을 말하고, 다른 한 부족은 항상 거짓말을 한다.

두 부족에서 번갈아 한 번씩 왕을 배출한다. 그러나 현재 왕이 어느 부족 출신인지는 극소수의 측근만 안다.

왕에 관해 알려진 것은 단 한 가지뿐이다. 그는 과거든 현재든 섬에서 일어나는 모든 일을 알고 있다.

왕자는 왕에게 다음의 두 질문을 한다.

1) 공주가 논리의 섬에 있는가? 대답은 예 혹은 아니오다.

2) 공주를 봤는가? 대답은 예 혹은 아니오다.

이 두 질문에 왕이 뭐라고 답했는지, 우리는 모른다. 그러나 왕자는 대답을 들었고 이제 공주가 논리의 섬에 있는지 없는지도 안다.

당신은 어떤가? 공주의 행방을 아는가?

Q93 탑승권 없이 탑승하기

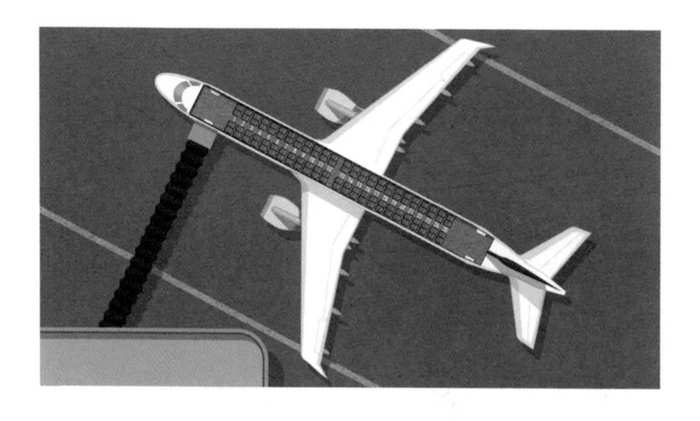

나는 이 문제를 푸는 데 아주 오래 걸렸다. 공식을 이용해 풀어보려 애썼지만, 공식은 점점 더 복잡해졌고, 나의 노력은 헛되었다. 그러다 며칠 뒤에 반짝하고 아이디어가 떠올랐다. 당신도 해낼 수 있을까?

공항에서 승객 100명이 탑승을 기다린다.

이들이 탈 비행기는 정원이 100명이다.

그러니까 오늘은 만석이다.

마침내 탑승이 시작된다. 승객 100명이 길게 줄을 선다. 그런데 비행기에 제일 먼저 오르게 되는 맨 앞에 선 남자가 당황스럽게도 탑승권을 잃어버렸다. 하필 이때 컴퓨터시스템이 고장이 났고, 승무원은 탑승권이 없음에도 일단 이 남자를 탑승시키면서 설명한다. “그냥 타서서 아무 자리에나 앉으세요.”

남자는 하라는 대로 한다. 뒤이어 오른 승객들은 자신의 탑승권에 적힌 좌석에 앉는다. 하지만 자기 좌석이 이미 찼으면, 맨 먼저 탄 남자처럼 그냥 빈 자리를 찾아 앉는다.

여기서 문제 : 맨 끝에 섰던 사람, 그러니까 100번째 승객이 자신의 탑승권에 적힌 좌석에 앉을 확률은 얼마인가?

참고 이 문제는 74번(76쪽)의 난쟁이 침대 퀴즈와 비슷하지만, 약간 다르다.

Q94 길 잃은 탐험가는 어디에 있을까?

남쪽으로 걷다가 서쪽으로 방향을 틀었고, 그런 다음 다시 북쪽으로 향하여 처음 출발했던 자리로 돌아온 등산객에 관한 퀴즈를 들어본 적이 있을 터이다. 이 등산객이 길에서 마주친 곰은 무슨 색일까?

대부분이 흰색이라고 대답하고, 등산객이 북극에서 출발했다고 설명한다. 먼저 남쪽으로 그다음 서쪽으로 그리고 다시 북쪽으로.

언뜻 보기에 다음의 퀴즈도 이것과 크게 달라 보이지 않는다. 탐험가가 지구 어딘가에서 길을 잃었다. 그가 지나온 짧은 경로는 다음과 같다.

먼저 남쪽으로 5킬로미터를 걸었고, 그다음 서쪽으로 5킬로미터 그리고 마지막으로 북쪽으로 5킬로미터를 걸어, 정확히 출발지점에 도달했다.

여기서 질문 : 지구 어디에서 이런 일이 가능할까? 그리고 길 잃은 탐험가를 어디에서 수색해야 할까?

참고 탐험가가 현재 북극에 있다고 생각한다면, 틀렸다. 북극 기지에는 현재 연구원들이 있고, 그들은 분명 탐험가를 알아봤을 터이다. 그러나 탐험가는 현재 길을 잃은 상태다.

Q95 환상적인 4

제곱수는 옛날부터 사람들을 매료시켰다. 고대 바빌론 사람들이 벌써 이른바 피타고라스 삼조Pythagoreisches Tripel를 점토판에 기록했다. 피타고라스 삼조의 세 자연수 a, b, c는 $a^2+b^2=c^2$을 만족한다. 또한, 이 세 자연수는 직각삼각형의 세 변의 길이이다. $3^2+4^2=5^2$과 $20^2+21^2=29^2$이 그 예이다. 또한, 이런 등식보다 더 놀라운 등식도 가능하다. 예를 들어 $10^2+11^2+12^2=13^2+14^2$.

그러나 이번 퀴즈에서는 제곱수의 합이 아니라, 숫자 자체를 다룬다.

무작위로 자연수 하나가 주어지고, 이 수의 제곱수를 구할 때, 제곱수의 끝자리 숫자가 4일 수 있을까?

제곱수의 끝자리 숫자만 4여야 한다면, 해답은 분명하다. $2\times2=4$이므로 2도 하나의 해답이다. 끝의 두 자리 숫자가 4일 수도 있다. 예를 들어 12×12=144.

이제 진짜 문제 : 제곱수 끝자리에 4가 몇 개까지 올 수 있을까? 원하는 만큼 4가 오게 할 수 있을까? 아니면 개수에 한계가 있을까? 만약 그렇다면, 몇 개가 한계일까?

Q96 삼각형 과녁

사격동호회 회장이 새로 취임했고, 신임회장은 몇 가지를 바꾸고자 한다. 첫 번째 결정에 벌써 몇몇 사람이 고개를 절레절레 흔든다. 앞으로 공기소총으로는 둥근 과녁이 아니라 삼각형 과녁을 쏘게 될 것이다.

과녁은 정삼각형이고, 한 변의 길이가 10센티미터이다.

한 사람이 새 과녁에 다섯 발을 쐈고, 다섯 발 모두 과녁을 뚫었다. 다섯 발이 과녁에 어떻게 분포되었는지는 모른다.

이 다섯 발 가운데 서로의 간격이 5센티미터 이하인 두 발이 언제나 존재함을 증명하라.

Q97 아이들이 이름을 비교한다

새로 구성된 학급 인원은 33명이다. 그것은 모두가 이름과 성 32개를 외워야 한다는 뜻이기도 하다. 33명 모두 서로 모르는 사이였기 때문이다.

학생들이 순서대로 자기를 소개하는데, 몇몇 이름이 두 번 나오고, 심지어 더 자주 등장하는 이름도 있다. 그래서 학생들은 같은 이름이 몇 개인지 철저히 조사해 보기로 한다.

각 학생은 자기와 이름이 같은 학생이 이 학급에 몇 명인지를 칠판에 적는다. 그다음 33명 모두가 자기와 성이 같은 학생이 몇 명인지를 칠판에 적는다. 두 경우 모두, 자기 자신을 뺀 숫자를 적는다.

그렇게 칠판에는 숫자 66개가 적혔다. 그리고 66개 숫자에는 0, 1, 2, 3, 4, 5, 6, 7, 8, 9, 10이 적어도 한 번은 등장한다.

성과 이름이 똑같은 학생이 이 학급에 적어도 두 명이 있음을 증명하라.

참고 각 학생은 정확히 이름 하나와 성 하나를 가졌다.

Q98 형제자매 문제

아들일까 딸일까? 아이의 성별은 당연히 첫 초음파 검사가 아니라 정자의 경주가 결정한다. 남자의 수십억 정자 중에서 절반은 X염색체를 가졌고 나머지 절반은 Y염색체를 가졌다. 어떤 염색체를 가진 정자가 최종적으로 여성의 난자세포와 수정하느냐에 따라, 아이는 아들(Y염색체) 혹은 딸(X염색체)이 된다.

성별 선택은 우연이다. 그러므로 수학 퀴즈에 아주 적합하다. 이번 퀴즈에서는 아이가 단 두 명인 엄마들이 주인공이다. 두 아이의 엄마 200명이 커다란 강당에 모였다.

한 여자가 돌아가며 엄마들에게 묻는다. "아들이 적어도 한 명이 있나요?" 질문을 받은 엄마가 '네'라고 답하고 자신의 이름을 밝힌다. 마르티나이다.

여기서 첫 번째 문제 : 마르티나가 아들이 둘일 확률은 얼마인가?

또 다른 엄마는 다음과 같은 질문을 받는다. "화요일에 태어난 아들이 적어도 한 명 있나요?" 질문을 받은 엄마가 '네'라고 답하고 역시 자신의 이름을 밝힌다. 슈테파니이다.

슈테파니가 아들이 둘일 확률은 얼마인가? 마르티나와 같을까?

참고 두 성별의 빈도수는 같다고 가정한다. 즉, 딸을 낳을 확률과 아들을 낳을 확률은 같다. 또한, 생일이 일주일에 고르게 분포되어 있다고 가정한다.

Q99 나누어라 그리고 지배하라

왕은 오랜 세월 통치했고, 좋은 시절이었다. 그러나 백성들은 힘들게 일해야 했고, 소득 대부분을 왕에게 바쳐야 했다. 이제 시대가 바뀌었다. 절망한 민중이 마침내 혁명을 일으켰다.

한때 왕국이었던 나라가 민주주의국가로 바뀌었다. 백성을 심하게 착취했던 왕에게는 투표권이 없다.

그러나 한때 절대 군주였던 왕은 포기하지 않는다. 왕은 원래 자기 것이라 생각했던 재산을 되찾고자 한다. 달리 방법이 없다면, 민주주의 방식으로 되찾으면 된다.

혁명 이후에 국가의 재산 분배가 새롭게 조직되었다. 재산을 분배받을 사람은 과거 백성이었던 아홉 명과 왕으로 구성된다. 그러니까 총 열 명이다. 정확히 금화 10탈러가 지급된다. 왕을 포함한 열 명이 각각 금화 1탈러를 받는다.

찬성하는 사람이 더 많으면 분배 규칙은 바뀔 수 있다. 백성 아홉 명은 규칙 변화로 이득을 보면 찬성하고, 손해를 보면 반대하며, 변하는 것이 없으면 기권한다. 왕은 투표에 참여하지 못하는 대신 재산의 분배 방법을 단독으로 제안할 수 있다.

왕은 금화를 최대 얼마까지 확보할 수 있을까?

추가 질문 재산을 분배받을 사람이 왕을 포함하여 총 1000명이다. 한 명 당 정확히 1탈러씩 총 1000탈러가 지급된다. 왕은 최대 얼마까지 받아낼 수 있을까?

Q100 구슬 열두 개와 저울 하나

더 가벼울까 아니면 더 무거울까? 고전적인 양팔저울에서는 양쪽 접시에 물건을 올려 질량을 비교한다. 당신은 정확히 이런 저울로 다음의 문제를 풀어야 한다.

책상에 똑같이 생긴 구슬이 12개 놓여있다. 12개 중에서 11개는 무게가 정확히 똑같다. 그러나 하나는 다른 11개 구슬과 무게가 다르다.

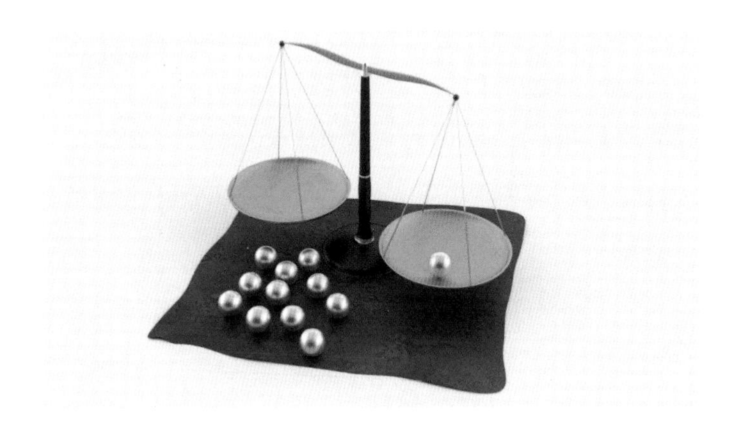

12개 중 어떤 것이 다른지 알지 못하고, 또한 그것이 다른 구슬보다 더 가벼운지 더 무거운지도 모른다.

당신은 무게가 다른 구슬을 찾아야 하고, 그것이 더 가벼운지 아니면 더 무거운지도 밝혀야 한다. 이때 양팔저울 하나를 사용하되, 단 세 번만 잴 수 있다. 어떻게 해야 할까?

참고 너무 빨리 포기하지 말라! 이 퀴즈는 많이 알려진 저울 퀴즈보다 확실히 더 어렵다. 그러나 풀 수 없는 퀴즈는 아니다!

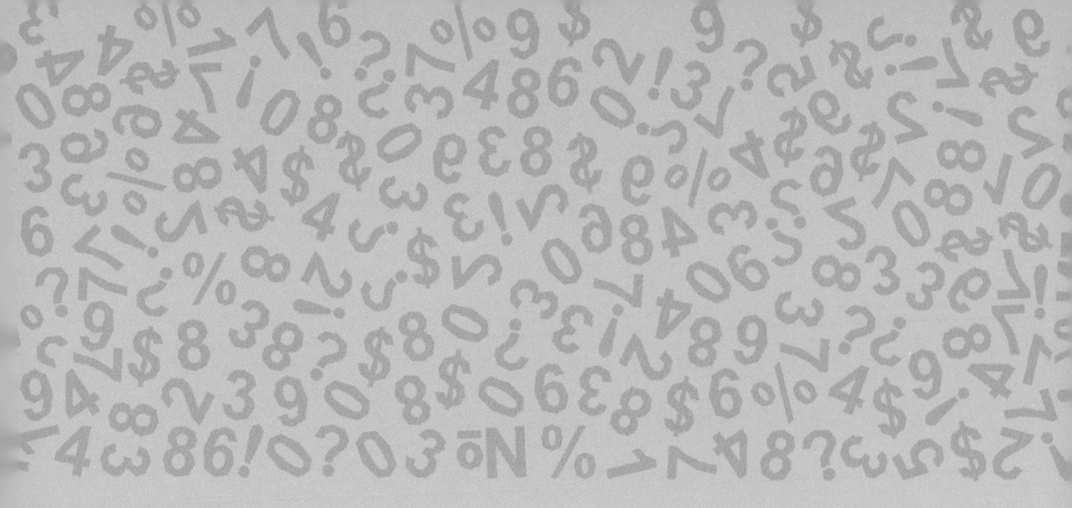

Answer!

A1 물 6리터를 담아라

방법은 여러 가지다. 그중에서 7단계로 구성된 한 가지 방법이 다음의 표이다.

어떻게든 마지막 단계 직전에 4리터 양동이에 1리터만 남기면 된다. 그러면 가득 찬 9리터 양동이에서, 1리터만 남은 4리터 양동이에 물을 옮겨 담을 수 있다. 4리터 양동이에는 이제 3리터만 더 담을 수 있으므로, 물을 옮겨 담고 나면 9리터 양동이에는 정확히 6리터가 남는다.

표의 숫자는 단계별로 두 양동이에 남아 있는 물의 양을 보여준다.

	9리터 양동이	4리터 양동이
출발상황	9	0
1단계	5	4
2단계	5	0
3단계	1	4
4단계	1	0
5단계	0	1
6단계	9	1
7단계	6	4

A2 금을 챙겨가야 한다 — 어떻게?

배달 트럭 네 대가 필요하다.

세 대면 부족하다. 예를 들어 선물이 900kg짜리 황금상 10개로 구성되었고, 트럭이 세 대뿐이면, 한 대에는 황금상을 네 개 실어야 한다. 그러나 황금상 네 개면 총 무게가 3600kg이므로 너무 무겁다. 트럭의 최대 적재무게가 3톤이기 때문이다.

왜 네 대면 충분할까?

첫 번째 트럭에 최소 2톤에서 최대 3톤까지 싣는다. 1톤을 넘는 선물은 없으므로, 어떤 경우든 가능하다.

그런 다음 두 번째와 세 번째 트럭에도 똑같이 최소 2톤에서 최대 3톤까지 싣는다. 1톤을 넘는 선물은 없으므로, 이것 역시 가능하다.

이제 최소 6톤을 실었으므로, 남은 선물은 많아야 3톤이고, 이것은 네 번째 트럭이 넉넉히 운송할 수 있다.

A3 퍼센트, 퍼센트, 퍼센트

믿기지 않겠지만, 과일의 무게는 이제 50kg에 불과하다. 처음 100kg에서 99퍼센트가 수분이고 1퍼센트가 과육이다. 이 1퍼센트가 곧 1kg이다.

햇볕에 말린 결과, 수분은 줄지만, 과육의 무게는 그대로다.

수분함량이 98퍼센트이므로, 과육은 전체 무게의 2퍼센트에 해당한다. 1kg이 2퍼센트라면, 50kg이 정확히 100퍼센트이다. 그러므로 정답은 50kg이다.

A4 토끼 여덟 마리의 달리기 시합

언뜻 생각하면 이 문제는 어마어마하게 어려워 보일 수 있다.

8×7×6×5×4×3×2×1=40,320번의 다양한 결승선 통과가 가능하다.

그러나 자세히 분석해 보면, 금세 명확해진다. 경주는 두 번만 하면 충분하다. 두 번째 시합 때 토끼들이 첫 번째 시합과 정확히 반대 순서로 결승선을 통과하면 된다.

A5 없어진 1유로는 어디에 있을까?

1유로는 없어지지 않았다. 설명된 계산이 틀렸을 뿐이다. 팁 2유로를 27유로에 더해선 안 된다. 그 대신에 27유로에서 2유로를 빼야 한다. 그러면 원래 냈어야 할 음식값 25유로가 된다. **27-2=25.** 27유로에는 종업원이 세 손님에게 되돌려 주었던 3유로를 더해야 한다. 그러면 정확히 30유로가 된다.

A6 동전으로 사용된 파란 조각과 빨간 조각

70센트일 것 같지만, 그렇지 않다. 계산대에서 돈을 낸다는 말은, 플라스틱 조각을 거스름돈으로 돌려받을 수 있다는 뜻이다. 그러므로 70센트보다 더 낮은 금액도 낼 수 있다.

계산대에서 낼 수 있는 최소 금액은 10센트이다.

10센트를 내려면, 빨간 조각 세 개를(**3×70=210센트**) 주고, 파란 조각 두 개를(**2×100=200센트**) 돌려받으면 된다.

A7 꼭지가 잘린 피라미드

정팔면체의 부피는 정사면체 부피의 절반이다!

처음의 큰 피라미드에서 작은 피라미드 네 개가 잘려나갔다. 작은 피라미드와 큰 피라미드의 한 변의 길이를 비교하면, 작은 피라미드가 큰 피라미드의 절반이다. 한 변의 길이가 절반일 때 부피가 몇 배인지 안다면, 이 퀴즈는 이미 푼 거나 마찬가지다. 그러나 몇 배란 말인가?

큰 피라미드와 네 개의 작은 피라미드는 닮은 도형이다. 변 길이가 정확히 두 배이고, 모든 각이 정확히 일치하기 때문이다. 변의 길이가 2배이고 각이 똑같다면, 입체도형의 부피는 8배가 된다. 부피는 3차원 공간이므로 2를 세 번 곱하면 된다. 2의 세제곱은 8이다($2\times2\times2=2^3=8$).

아래의 논증은 8이라는 해답을 분명하게 설명해준다. 입체도형의 부피를 구하는 공식은 다음과 같다. **V(부피)=c×높이×폭×깊이**. 이때 c는 상수이고 입체도형의 형태에 따라 달라진다.

입체도형의 크기를 세 차원 모두에서 두 배로 늘리면, **c×2×높이×2×폭×2×깊이=8×c×높이×폭×깊이=8×V**이다.

작은 피라미드 네 개를 모두 합친 부피는 큰 피라미드 부피의 절반이다. 즉, 꼭지가 잘리면서 생긴 정팔면체의 부피 역시 큰 피라미드의 절반이다.

A8 융통성 없는 톰

정답은 18쪽이다.

톰이 t일 동안 s쪽을 읽는다면, **t×s=342**여야 한다.

그러므로 자연수 t와 s는 342의 약수여야 한다.

t가 최소한 8이고(톰은 이 책을 벌써 8일째 읽고 있다) s가 최소한 20이어야 함을(톰은 둘째 일요일에 이미 20쪽을 읽었다) 우리는 또한 안다.

이제 t와 s를 어떻게 알아낼까? 342의 약수를 모두 살펴보면 된다.

1, 2, 3, 6, 9, 18, 19, 38, 57, 114, 171, 342

쪽수 s(최소한 20!)에 38, 57, 114, 171이 올 수 있음을 바로 안다. 그러나 57, 114, 171은 아닐 것인데, 그러면 톰은 책을 6일, 3일 혹은 심지어 단 2일 안에 다 읽게 될 것이기 때문이다. 그러나 문제에 따르면, 톰이 책을 다 읽는데 최소한 8일이 필요하다.

유일하게 남은 쪽수는 38뿐이다. 그리고 9일 동안 읽는다. **38×9=342**이므로. 그리고 그것이 s와 t의 정답이다! 톰이 일요일에 벌써 20쪽을 읽었다면, **38-20=18**쪽만 더 읽으면 된다.

A9 없애야 할 경품권은 모두 몇 개일까?

총 240개다.

번호에 1, 2, 3, 4, 7 중에서 하나만 포함되어도 경품권 번호를 확정하는 데 아무 문제가 없다. 그 말은 역으로 0, 6, 8, 9로만 이루어진 경품권 번호를 골라내야만 한다는 뜻이다. 그런 번호 조합은 총 **$4×4×4×4=4^4=256$** 개이다.

그러나 256개 모두를 골라낼 필요는 없다. 예를 들어 8008과 6009는 통에 그대로 둬도 되는데, 두 경품권은 똑바로든 거꾸로든 달라지는 게 없기 때문이다. 반면 6006은 골라내야 하는데, 그것은 9009로 읽힐 수도 있기 때문이다.

거꾸로 뒤집혀도 바뀌지 않는 번호를 모두 찾아야 한다. 그것은 8008과 6009처럼 회전대칭이어야 한다.

먼저 두 번째와 세 번째 숫자만 살펴보자. 두 번째 숫자를 거꾸로 뒤집으면 세 번째 숫자와 일치해야 한다. 그러니까 다음과 같은 네 가지 조합이 가능하다.

00

69

88

96

첫 번째와 네 번째 숫자에서도 마찬가지다. 첫 번째 숫자를 거꾸로 뒤집으면 네 번째 숫자와 일치해야 한다. 이때도 똑같이 네 가지 조합이 가능하다.

0 0

6 9

8 8

9 6

그러므로 **4×4=16**개 조합이 나온다. 나열하면 다음과 같다.

0000 0690 0880 0960

6009 6699 6889 6969

8008 8698 8888 8968

9006 9696 9886 9966

거꾸로 뒤집혀도 정상적인 숫자로 보이는 총 256개 번호 중에서 여기 16개는 그대로 통에 두어도 된다. 16개 번호는 180도 회전하더라도 달라지지 않기 때문이다. 그러므로 없애야 할 경품권은 **256-16=240**개이다.

A10 이상한 시계

11회.

이상한 시계의 큰 바늘은 12시에서 1시까지 한 시간 동안, 12에서 1까지만 움직인다. 그것은 정상적인 시계에서 5분에 해당한다. 반면, 작은 바늘은 한 바퀴를 완전히 돈다.

작은 바늘이 1부터 11까지 중 하나를 지나친 직후에 언제나 시계는 실제로 존재하는 시각을 보여준다. 그 시각은 1 직후, 2 직후, 3 직후 ... 11 직후에 나타난다. 이상한 시계에서는 1시에 작은 바늘이 12를 가리키고, 큰 바늘은 1을 가리킨다. 정상적인 시계에서는 있을 수 없는 바늘 모양이다.

A11 퍼즐 조각 하나를 버려야 한다 — 어떤 것?

B가 필요 없다. A, C, D, E로 쉽게 정사각형을 만들 수 있다. 이렇게 저렇게 맞춰보면 금방 알아낼 수 있다.

모든 퍼즐 조각에는 굴곡이 있다. 어떤 것은 오목하고, 어떤 것은 볼록하다. 퍼즐을 모두 맞춰 완성한 정사각형에서는 당연히 오목한 부분과 볼록한 부분의 개수가 정확히 일치해야 한다. 오목한 부분과 볼록한 부분이 서로 정확히 맞아야 하니까.

이제 모든 퍼즐 조각의 굴곡 개수를 헤아린다. 굴곡은 원의 일부분처럼 곡선이다. 아래 그림의 왼쪽처럼 볼록하면 **+1**이라고 적고, 오른쪽처럼 오목하면 -1이라고 적는다.

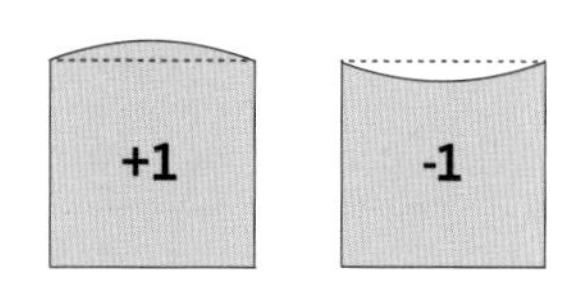

퍼즐 조각 다섯 개 모두를 이렇게 표시한다. A는 오목한 부분이 두 개이므로 **-2**이다. B에는 오목한 것이 하나 볼록한 것이 하나 있으므로 **+1-1=0**이다. 그런 식으로 표시하면 다음과 같다.

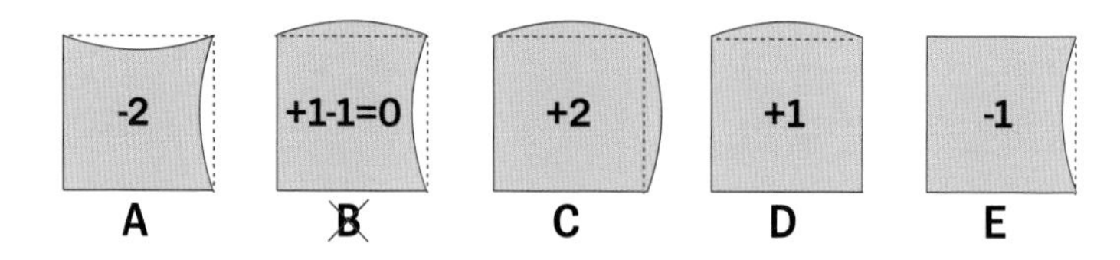

정사각형을 만들려면, 네 퍼즐 조각의 굴곡의 합이 0이어야 한다. 다섯 조각을 모두 더하면 0이 된다. (**-2+0+2+1-1=0**).

그러므로 B가 불필요한 조각임이 명백하다. B 대신에 다른 조각을 빼면, 굴곡의 합이 0이 되지 않기 때문이다. 정사각형을 만드는 방법은 몇 가지일까?

D와 E는 직선 변이 세 개이므로, 두 조각이 서로 만나야 한다. 두 조각이 만나는 방법은 두 가지가 있다. D가 왼쪽 그리고 E가 오른쪽 혹은 D가 오른쪽 그리고 E가 왼쪽. A와 C는 두 경우에 놓일 수 있는 자리가 한 가지뿐이다. 그러므로 정확히 두 가지 정사각형이 나온다!

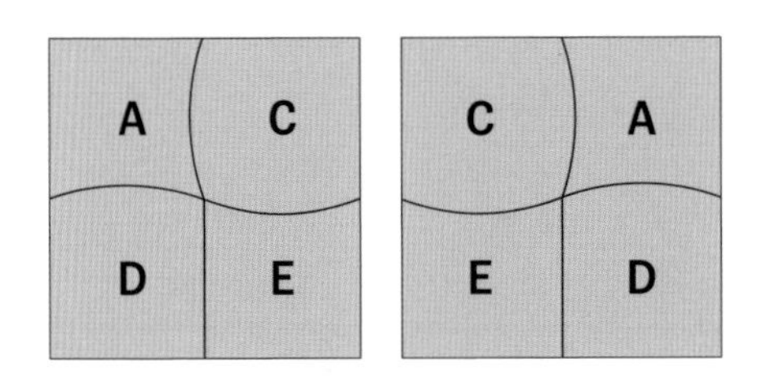

A12 포도주 아홉 통을 공평하게 나누는 방법

포도주 통이 아홉 개이므로 각각 세 통씩 가지면 공평하다. 통에는 포도주가 총 45리터가(1+2+3+⋯+9=45) 들었다. 그러므로 한 사람이 15리터씩(45÷3) 가지면 된다.

문제는, 각자 정확히 15리터씩 가질 수 있게 통 아홉 개를 나눌 수 있느냐이다. 포도주가 가장 많이 담긴 세 통은 7, 8, 9번 통이다. 한 사람이 한 통씩 가져야 한다.

만약 한 사람이 이 세 통 중에서 두 통을 가지면, 어떤 경우든 벌써 15리터가 넘는다. **7+8=15**이고 각각 세 통씩 가져야 하므로 여기에 한 통을 더 추가해야 하는데, 그러면 어쩔 수 없이 15리터가 넘게 된다. 다음과 같이 가정해보자.

첫째가 9리터 통을 받는다. 그러면 남은 두 통의 합이 6리터여야 한다.

9+6=15

둘째가 8리터 통을 받으면, 남은 두 통의 합이 7리터여야 한다.

8+7=15

셋째가 7리터 통을 받으면, 남은 두 통의 합이 8리터여야 한다.

7+8=15

남아 있는 여섯 통에는 포도주가 1, 2, 3, 4, 5, 6리터씩 담겨있다.

7리터 통을 받은 셋째는 8리터를 더 받아야 하고, 두 가지 가능성이 있다.

2리터+6리터 혹은 **3리터+5리터**

이것을 토대로 둘째와 첫째를 위한 분배가 다음의 표에서처럼 결정된다.

	첫째	둘째	셋째
분배 1	9+1+5	8+3+4	7+2+6
분배 2	9+2+4	8+1+6	7+3+5

이렇듯, 삼형제는 모두가 만족할 수 있게 포도주를 나눠 가질 수 있다!

A13 어떤 숫자가 빠졌을까?

실마리는 교사가 부른 숫자를 모두 더하는 데 있다. 10초 간격으로 숫자를 부르므로, 암산하는 데 아무 문제가 없을 것이다.

교사가 1부터 100까지 모든 수를 부른다면, 그 합은 **5050(50×101=5050)** 일 것이다. 99개만 불렀으므로 그 합은 5050보다 작은 수다. 이제, 빠진 숫자를 쉽게 예상할 수 있다. 암산으로 합한 99개 숫자의 합과 5050의 차이가 바로 빠진 숫자이다.

한편, **50×101=5050** 공식은 유명한 수학자 카를 프리드리히 가우스Carl Friedrich Gauß에게서 온 것으로, 가우스는 9살 때 이 공식으로 선생님을 깜짝 놀라게 했었다. 그는 1부터 100까지 모든 수를 더해야 했고, 그때 이 공식을 사용했다. 가우스는 숫자 100개를 그냥 둘씩 짝을 지어 정렬했다.

1+100, 2+99, 3+98, 4+97 … 50+51. 그렇게 **50×101 공식**이 탄생했다.

A14 자리를 잘못 잡은 토끼

두 조각이면 충분하다. 다음의 스케치가 해결책을 보여준다. 다른 방법이 더 있지만, 원리는 언제나 똑같다. 점 대칭으로 조각을 잘라낸 다음 180도 회전하여 다시 붙인다.

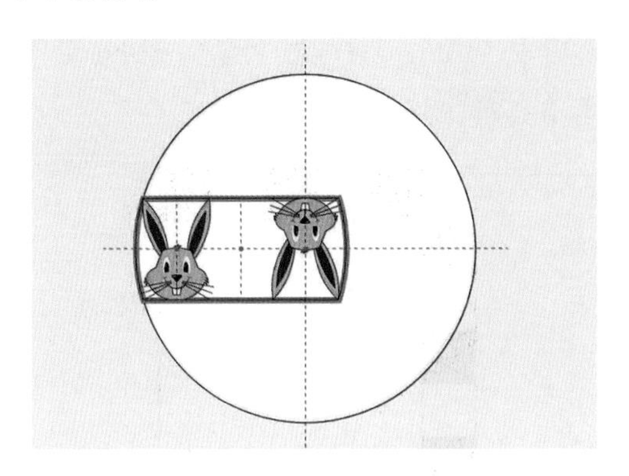

이 퀴즈는 미국의 체스 및 퀴즈 전문가로 유명한 샘 로이드의 문제를 살짝 바꾼 것이다. 샘 로이드가 낸 문제에서는, 깃발 구석에 있는 코끼리를 깃발 정중앙에 오도록 다시 붙여야 한다. 로이드는 이 퀴즈에 '시암 왕의 요령 The King of Siam's Tricks'이라는 제목을 붙였다.

A15 마술 속임수

그렇다, 이 속임수는 정말로 무작위로 선정한, 0이 아닌 서로 다른 두 정수 A와 B에서 통한다.

ABABAB는 또한 **10101×10×A+10101×B=10101×(10A+B)**로 쓸 수 있다. 10101은 7의 배수이므로**(7×1443=10101)**, ABABAB 또한 7의 배수이다.

A16 정사각형을 어떻게 나눌까?

n이 4 이상의 짝수면 된다.

n=4인 경우 방법은 간단하다. 우리는 정사각형을 그냥 네 등분하면 된다.

그러나 4보다 더 큰 짝수일 경우에는 어떻게 나눠야 할까?

다음의 그림은 n=12일 경우를 보여준다.

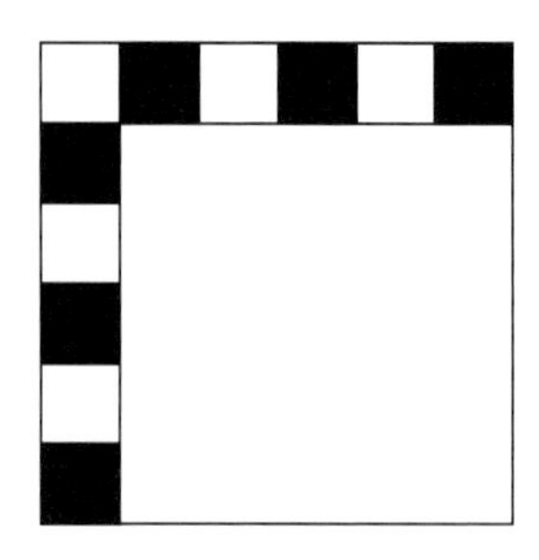

우리는 정사각형의 변을 n의 절반, 즉 6으로 나눈다. 이것은 우리가 큰 정사각형의 왼쪽과 상단에 그린 11개의 작은 정사각형의 변 길이이다. 작은 정사각형 11개와 오른쪽의 큰 정사각형을 합하면 우리가 찾는 12가 나온다.

일반적인 풀이는 다음과 같다. n=2k라면, 정사각형의 변 1을 k로 나눈다. 그러면 2k-1개의 작은 정사각형이 생기고, 이 작은 정사각형들은 큰 정사각형의 가장자리에 폭이 1/k인 줄 두 개를 형성한다. 그러면 이제 큰 정사각형 하나가 남는다. 그래서 정사각형의 총 개수 **n=2k**가 된다.

A17 종이 자르기

실제로 해결책이 있다. 그러나 고전적인 A4 용지로는 안 된다. 이게 가능하려면, 이 사각형은 오목하게 꺾여 있어야 한다. 오목하게 꺾여 있다는 말은, 내각이 180도가 넘는다는 뜻이다. 내각이 180도가 넘으면 사각형은 안으로 꺾인 모양이다.

아래 그림은 사각형을 여섯 조각으로 만드는, 자르는 직선 두 개를 보여준다.

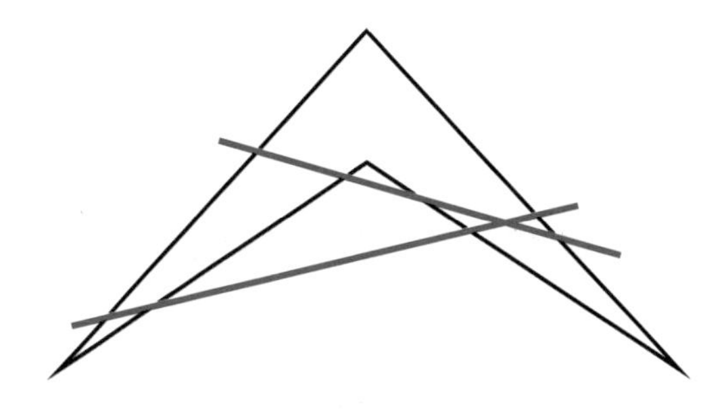

A18 동전 기술

해결책이 있다. 심지어 여러 개다. 그러나 원리는 똑같다. 이 문제를 풀려면 창의성을 발휘해야 한다.

동전 10개를 나란히 있는 컵 세 개에 나누어 담으려면, 해결책이 없다. 홀수 세 개의 합은 홀수이기 때문이다. 그러나 동전 개수는 10개이고, 10은 짝수이다.

컵 하나에 동전을 짝수 개 넣고 나머지 두 개에 홀수 개를 넣는 데 실마리가 있다. 예를 들어 두 개, 세 개 그리고 다섯 개. 그런 다음 동전을 두 개 넣은 컵 안에 나머지 두 컵 중 하나, 예를 들어 세 개를 넣은 컵을 겹쳐 놓는다. 밑에 있는 컵에는 그러면 동전이 **2+3=5**개가 들었다. 홀수가 아닌가!

(물론, 컵을 켜켜이 쌓을 수 있어야 한다는 전제조건이 필요하다.)

A19 정사각형 풀밭

해결책이 아주 간단하지만은 않다. 정사각형 하나는 45도 회전하여 각 꼭짓점이 큰 사각형 울타리에 닿아 있고, 다른 하나는 회전한 사각형 내부에 있다. 다음의 그림을 참고하라.

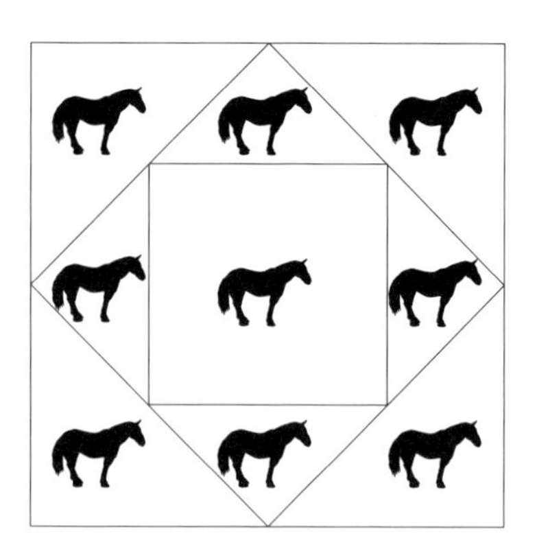

A20 프로들의 집 청소

니나와 마티아스는 45분이 필요하다.

둘은 동시에 청소를 시작한다. 어떤 식이든 상관없다. 예를 들어, 니나가 잔디를 깎고, 마티아스가 청소기를 돌린다. 둘 중 한 사람이, 예를 들어, 니나가 15분 뒤에 하던 일을 중단하고 곧바로 고압청소기로 테라스를 청소한다. 청소를 시작한 지 30분 만에 마티아스는 청소기를 다 돌리고 니나가 하다 만 잔디깎기를 마무리한다. 15분 후에 모든 청소가 끝난다. 그러므로 총 45분이 걸린다.

A21 조각 케이크 정돈하기

남은 케이크를 둘로 잘라, 이 두 부분을 새롭게 조합하여 정사각형을 만드는 것이 정말로 가능하다.

아래 그림의 선을 따라 둘로 분리한다.

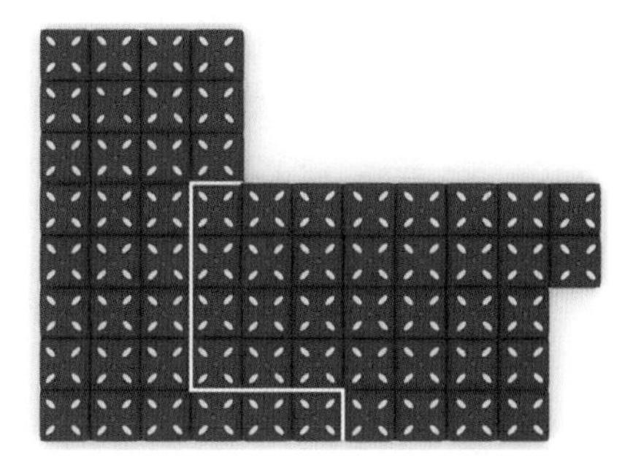

오른쪽 부분을 시계방향으로 90도 돌려 두 부분을 다시 합치면 완벽하게 정사각형이 된다.

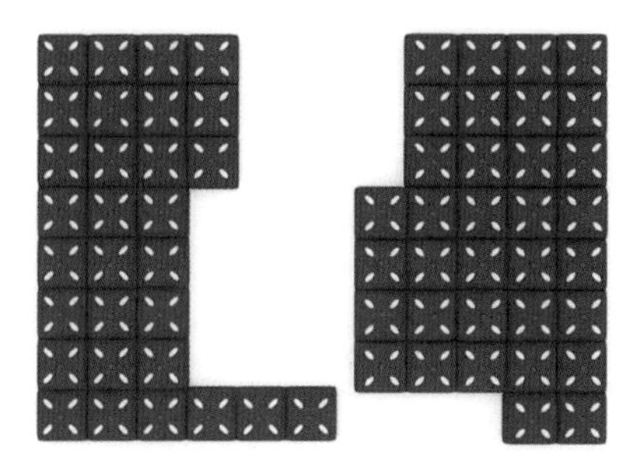

A22 사슬 전체

팔찌의 마디를 거스름돈으로 이용하는 것이 요령이다.

등산객은 세 번째 마디를 떼어 낸다. 그러면 사슬은 세 부분으로 나뉜다.

- 뜯어낸 한 마디
- 두 마디가 붙어있는 부분
- 네 마디가 붙어있는 부분

첫째 날에 등산객은 뜯어낸 한 마디를 낸다. 둘째 날에는 두 마디가 붙어있는 부분을 내고 전날 냈던 한 마디를 거스름돈으로 돌려받는다. 이것을 다음날, 그러니까 셋째 날에 낸다.

넷째 날에 등산객은 네 마디가 붙어있는 부분을 내고, 앞서 냈던 한 마디짜리와 두 마디짜리를 거스름돈으로 돌려받는다.

다섯째, 여섯째, 일곱째 날은 한 마디짜리와 두 마디짜리를 이용해 첫째, 둘째, 셋째 날 했던 것처럼 숙박료를 내면 된다.

A23 마법의 정사각형

동그라미가 그려진 숫자의 합은 언제나 118이다. 그것은 정사각형에 숫자를 특별히 선별하여 배열했기 때문이다.

각 줄에서 맨 오른쪽에는 가장 작은 수가 있다. 이 수보다 1이 더 큰 수가 세 번째 칸(왼쪽에서 세 번째 칸)에 있다. 맨 오른쪽 수보다 3이 더 큰 수가 맨 왼쪽에 있고, 5가 더 큰 수가 다섯 번째 칸(오른쪽에서 두 번째 칸)에 있다.

4	7	2	~~13~~	6	1
~~18~~	~~21~~	~~16~~	(27)	~~20~~	~~15~~
15	18	13	~~24~~	17	12
21	24	19	~~30~~	23	18
24	27	22	~~33~~	26	21
27	30	25	~~36~~	29	24

전체에 적용되는 규칙 : 맨 오른쪽에 a가 있으면, 이 줄의 다음 수들을 왼쪽부터 적으면 다음과 같다.

(a+3) (a+6) (a+1) (a+12) (a+5) a

이 규칙은 여섯 줄 모두에 적용된다. 다만 줄마다 각기 다른 수가 있을 뿐이다.

문제에서 설명된 방식대로 숫자에 동그라미를 그리고 나머지 숫자를 지우면, 각각의 가로줄과 세로줄에서 정확히 한 숫자에만 동그라미가 그려지고, 그것은 모두 여섯 개이다.

이 여섯 숫자의 합은 a에 해당하는 여섯 가지 다른 수와 **27(3+6+1+12+5=27)**의 합이다.

그러므로 그 합이 항상 같을 수밖에 없고, 우리의 사례에서는 **(1+15+12+18+21+24)+(3+6+1+12+5)**이다.

그러므로 **91+27=118**이다.

A24 셰릴의 아이들은 몇 살일까?

아이들은 두 살, 두 살, 아홉 살이다.

참으로 희한한 문제다. **세 아이의 나이를 곱하면 36**이고, **더하면 오늘 날짜**라는데, 우리는 오늘 날짜를 모른다. 게다가 큰아이가 딸기우유를 좋아한다는 정보가 추가로 주어진다. 딸기우유와 나이가 무슨 상관이란 말인가? 그런 정보에서 어떻게 나이를 알아내란 말인가?

일단 정확한 정보에서 시작하자. 세 아이가 있고, 나이의 곱이 36이다. 경우의 수가 몇 개나 될까? 예를 들어 한 살, 여섯 살, 여섯 살일 수 있다. 혹은 한 살, 두 살, 열여덟 살. 모든 가능한 경우의 수를 표에 적고, 각 줄에 그 합도 적어보자. 그 합이 오늘 날짜와 일치한다!

아이1	아이2	아이3	합
1	1	36	38
1	2	18	21
1	3	12	16
1	4	9	14
1	6	6	13
2	2	9	13
2	3	6	11
3	3	4	10

경우의 수는 총 여덟 가지다. 합이 날짜와 일치해야 하므로(정확한 날짜는 아직 모르지만), 맨 윗줄의 한 살, 한 살, 서른여섯 살은 빼야 한다. 날짜는 1부터 31까지만 가능하므로 38은 안 된다.

이제부터 논리적 사고가 필요하다. 나이의 합이 오늘 날짜와 일치해야 하고, 톰과 셰릴은 당연히 오늘 날짜를 안다. 그런데, 톰이 정보가 더 필요하다고 말했으므로 오늘 날짜는 13일일 수밖에 없다. 다른 날짜인 10, 11, 14, 16, 21이었다면, 가능한 해답이 하나뿐이므로, 추가 정보가 필요하지 않았으리라. 오늘 날짜가 13일이라면, 경우의 수가 두 개이므로 톰은 아직 결정을 내릴 수가 없다.

셰릴이 준 추가 정보에 따르면, 큰아이가 딸기우유를 좋아한다. 두 경우 중 어떤 것이 맞을까? 두 살, 두 살, 아홉 살일 수밖에 없는데, 한 살, 여섯 살, 여섯 살이면 큰아이가 한 명이 아니라 두 명이기 때문이다.

그러므로 정답은 두 살, 두 살, 아홉 살이다.

물론, 쌍둥이라도 첫째 둘째가 있을 수 있고, 재혼가정으로 생일이 빠른 아이가 큰아이일 수 있다고, 이의를 제기할 수 있으리라. 하지만 그렇게까지 따지진 말기로 하자.

A25 숫자 마니아 세 사람

마리아의 목록이 가장 길다.

마리아의 목록부터 보자. 마리아의 네자릿수에는 4가 들어가지 않는다. 그러므로 천의 자리, 그러니까 맨 앞에 올 수 있는 숫자는 1, 2, 3, 5, 6, 7, 8, 9 여덟 개다.

백의 자리와 십의 자리 그리고 맨 뒤인 일의 자리에 올 수 있는 숫자는 아홉 개다.

0, 1, 2, 3, 5, 6, 7, 8, 9.

이제 우리는 마리아가 적은 수의 총 개수를 계산할 수 있다.

$8\times9\times9\times9=5832$.

다음은 아힘의 목록이다. 1000부터 9999까지 네자릿수는 모두 9000개이다. 이 중에서 5832개에는 4가 들어있지 않다(마리아의 목록 참고). 그러므로 **$9000-5832=3168$**개에는 4가 적어도 하나는 들어간다. 그러므로 아힘의 목록은 마리아의 목록보다 무조건 짧다.

호르스트는 어떨까? 총 9000개 네자릿수 중에서 세 개 중 하나가 3의 배수다. 그러므로 호르스트의 목록은 정확히 3000개이고, 그러므로 마리아가 가장 많은 수를 적었다.

A26 남동생 몫으로 남은 돈은 얼마인가?

남동생은 6유로를 받는다.

이 문제는 전형적인 정수론 문제이다. 피규어 하나 가격이 n이고 판매한 피규어의 개수가 가격과 일치한다면, 판매 수입금은 **$n\times n=n^2$**이다.

수입금을 나누는 과정에서, n^2은 20으로 나누면 나머지가 10과 20 사이라는 사실이 드러났다. 그래야 언니가 동생보다 10유로를 더 갖고, 10유로보다 적은 금액이 남아 그것을 남동생에게 줄 수 있기 때문이다.

우리는 n을 $10a+b$로 적을 수 있고, 이때 a, b는 자연수이며, b는 한자릿수이다. 그러면 두 자매의 판매 수입금은 다음과 같다.

$$n^2=(10a+b)^2$$

$$n^2=100a^2+20ab+b^2$$

$100a^2$도 $20ab$도 20의 배수이므로, n^2을 20으로 나누었을 때 나머지가 얼마인지는 오직 b^2에 달렸다.

b가 한자릿수이므로, 1부터 9까지 어떤 수를 제곱한 뒤 20으로 나눴을 때 나머지가 10보다 크고 20보다 작은지 살펴보기만 하면 된다.

b가 4와 6일 때만 그렇다. 4의 제곱인 16과 6의 제곱인 36은 20으로 나누면 둘 다 나머지가 16이다. 그러므로 언니가 10유로를 가져간 뒤 남동생이 6유로를 받는다.

이 해답에서는 신기하게도 판매 수입금 총액이 실제로 얼마인지 우리는 모른다. 14^2 혹은 316^2일 수 있다. 중요한 것은 일의 자리가 오로지 4 혹은 6이라는 점이다. 그러면 판매 수입금 총액을 20으로 나눌 때 나머지가 16이고, 결국 남동생은 6유로를 받는다.

A27 황소, 말, 1770탈러

정답이 세 가지나 있다. 그러므로 말과 황소가 각각 몇 마리인지 명확히 답할 수 없다. 세 가지 정답은 다음과 같다.

말 9마리와 황소 71마리

말 30마리와 황소 40마리

말 51마리와 황소 9마리

그렇다면, 이 세 가지 정답은 어떻게 알아낼까?

우선 다음과 같은 방정식을 만들 수 있다.

$31x+21y=1770$

이때 x는 말의 수를, y는 황소의 수를 뜻한다. 이 방정식에서 여러 단계를 거쳐 식을 변환해 보고 체계적으로 시험해 볼 수 있다. 예를 들어, 21과 1770 역시 3의 배수이기 때문에 x는 3의 배수여야 한다.

단 몇 줄이면 풀 수 있는 아주 우아한 풀이방법을 여러 독자가 내게 보내주었다. 이 자리를 빌려 인사를 전한다. 고맙습니다!

말과 황소의 수($x+y$)는 10의 배수여야 한다. **$31x+21y=1770$** 역시 10의 배수이기 때문이다($30x+20y$ 역시 무조건 10의 배수이다).

한 종류만 산다면, 1770탈러로 말을 최대 57마리 혹은 황소를 84마리 살 수 있다. 이때 각각 몇몇 탈러가 남는다. 그러므로 동물의 총수는 60, 70 혹은 80일 수밖에 없다. 그러니까 우리는 다음과 같은 세 경우만 살펴보면 된다.

x+y=60

x+y=70

x+y=80

이 세 방정식을 각각 x로 변환한 다음, 처음 세웠던 방정식 **31x+21y=1770**에 대입하면 된다.

그렇게 우리는 위에 밝힌 정답, 말 9마리와 황소 71마리, 말 30마리와 황소 40마리, 말 51마리와 황소 9마리를 얻는다.

A28 유스호스텔의 침실 퀴즈

침대가 3개인 방이 8개, 침대가 4개인 방이 3개, 침대가 5개인 방이 하나.

만프레트 푹하버Manfred Puckhaber라는 독자가 아주 우아한 해답을 제안했다. 침실 12개에 침대가 적어도 3개가 있다. 그러면 벌써 침대 36개가 배치되었다. 이제 5개가 남았고, 이것을 나눠 넣어야 한다.

침대가 4개인 방이 적어도 2개이고, 침대가 5개인 방이 적어도 하나 있어야 하므로, 벌써 5개 중에서 4개가 배치되었다. 이제 하나가 남았고, 이것은 침대가 3개 있는 방에만 놓일 수 있으므로, 그 방은 이제 침대가 4개인 방이 된다. 그래서 침대가 4개인 방이 셋, 5개인 방이 하나, 3개인 방이 여덟 개다.

A29 여덟자릿수를 찾아라

우리가 찾는 여덟자릿수 중에서 가장 작은 수는 10,237,896이다.

우선 어떤 숫자 8개가 우리가 찾고 있는 수를 구성할지 곰곰이 생각해 보자. 우리가 찾는 수는 36의 배수여야 하고, 그래서 4의 배수이면서 9의 배수여야 한다. 어떤 수를 구성하는 숫자의 합이 9의 배수이면 그 수 역시 9의 배수이다.

만약 0부터 9까지의 숫자 10개로 구성된 수라면, 이 수를 구성하는 숫자의 합은 **0+1+⋯+9=45**이다.

45는 9의 배수이다. 그러나 우리가 찾는 수는 여덟자릿수여야 하므로, 숫자 두 개를 빼야 한다.

여덟자릿수를 구성하는 숫자의 합이 9의 배수가 되도록 하려면, (그 합이 9인) 다음의 다섯 가지 숫자 쌍을 뺄 수 있다.

0과 9

1과 8

2와 7

3과 6

4와 5

가능한 한 작은 수를 만들려면 이 수의 맨 앞자리에는 1이 와야 하고 그 뒤에 0이 와야 한다. 그다음엔 2, 3이 이어져야 한다. 그래서 우리는 4와 5를 뺀다. 그러므로 우리가 찾는 수는 1023으로 시작되고 그 뒤로 숫자 6, 7, 8, 9가 이어진다. 그러나 어떤 순서로 이어져야 할까?

우리가 찾는 수는 4의 배수여야 하고, 그러려면 마지막 두자릿수가 4의 배수여야 한다. 6, 7, 8, 9 중에서 골라야 한다면, 4의 배수인 두자릿수는 세 개뿐이다. 68, 76, 96.

7896으로 끝나면 가장 작은 수가 된다. 그러므로 우리가 찾는 수는 10,237,896이다.

A30 이상한 숫자 추출기

정확히 두 개가 있다. 142,857 그리고 285,714. 두 수는 문제의 조건을 충족한다. 다음이 성립하기 때문이다.

142,857×3=428,571

그리고

285,714×3=857,142

이 해답을 찾기 위해 우리는 자리를 이동하기 전의 여섯자릿수를 두 부분으로 나눈다. a는 맨 앞에 오는 숫자를 가리키고, b는 a 뒤로 이어지는 다섯자릿수를 가리킨다.

자리를 이동하기 전의 수=100,000a+b

맨 앞의 a를 맨 끝으로 이동시킨 두 번째 여섯자릿수도 똑같이 a와 b로 표현할 수 있다.

자리를 이동한 후의 수=10b+a

이제 방정식을 세워보자. 자리를 이동하기 전의 수에 3을 곱하면, 자리를 이동한 후의 수가 된다.

(100,000a+b)×3=10b+a

300,000a+3b=10b+a

a는 a끼리 한쪽에, b는 b끼리 다른 쪽에 이항하여 방정식을 정리하면,

299,999a=7b

299,999는 7로 나누어지므로 각항을 7로 나누면,

42,857a=b

b는 다섯자릿수이므로, a는 1 아니면 2여야 한다. 그러므로 b는 42,857 또는 85,714이다.

A31 빌어먹을 81

9, 41, 59, 91 네 수가 주어진 조건을 충족한다. 이 네 수의 제곱수는 81, 1681, 3481, 8281이다.

풀이에 도움이 되는 오래된 공식이 있다.

$$a^2-b^2=(a+b)(a-b)$$

$$n^2-81=(n+9)(n-9)$$

n^2-81은 100의 배수여야 한다. 그러므로 이 수에는 소수인 2와 5가 각각 두 번씩 포함되어야 한다. $2\times2\times5\times5=4\times25=100$이기 때문이다. 그러므로 이 소수는 (n+9)와 (n-9)에 들어가야 한다.

(n+9)와·(n-9)의 차는 18이고, 이것은 짝수이다. 두 수 중 하나가 홀수라면, 나머지 하나도 홀수여야 한다는 뜻이다.

그러나 이 수는 홀수일 수가 없는데, 만약 홀수라면 두 수의 곱 역시 홀수일 것이기 때문이다. (그러나 두 수의 곱은 100의 배수여야 한다!) 그러므로 (n+9)와 (n-9)는 둘 다 짝수여야 한다.

(n+9)와 (n-9) 둘 중 어디에 5가 들어있을까? 둘 다일 수는 없는데, 만약 둘 다라면 (n+9)와 (n-9) 모두 10의 배수이기 때문이다. 그러나 두 수의 차는 18이다.

그러므로 둘 중 하나는 $2\times25=50$의 배수여야 한다. 그리고 다른 하나는 짝수이다. n이 100보다 작은 수여야 하므로 다음의 해답이 나온다.

$$n-9=0$$

$$n-9=50$$

$$n+9=50$$

$$n+9=100$$

그러므로 n은 9, 41, 59, 91이다.

A32 분수를 알자

방정식을 성립시키는 x, y, z의 해는 세 가지이다.

$$\frac{1}{3}+\frac{1}{3}+\frac{1}{3}$$

$$\frac{1}{2}+\frac{1}{3}+\frac{1}{6}$$

$$\frac{1}{2}+\frac{1}{4}+\frac{1}{4}$$

왜 이 세 가지뿐일까?

$$\frac{1}{x}+\frac{1}{y}+\frac{1}{z}=1$$

이 방정식을 자세히 보면, 우리가 찾는 수 중에서 적어도 하나는 4보다 작아야 한다는 것을 금세 알 수 있다. x, y, z 세 수 모두가 4이거나 4보다 크면, **1/x+1/y+1/z 은 최대 3/4**으로 1보다 작다.

x가 세 자연수 중에서 가장 작은 수라고 가정해보자. x가 4보다 작은 수이므로 1, 2, 3 중 하나이다. 세 경우를 하나씩 살펴보자.

a) x=1

이 경우 **1/x+1/y+1/z**의 합은 1보다 큰데, 1/1이 벌써 1이기 때문이다. 그러므로 이 경우에는 해답이 없다!

b) x=2

y와 z는 2보다 커야 한다. 그렇지 않으면 **1/x+1/y+1/z**은 1보다 클 것이다(**1/2+1/2=1**이므로). y가 두 번째로 작은 수라고, 그러니까 z보다 작거나 같다고 가정해보자. **y=3**일 때 **z=6**이면 된다. **1/2+1/3+1/6=1**이기 때문이다.

y=4인 경우에도 해답이 있다. **z=4**면 된다. **1/2+1/4+1/4=1**이기 때문이다.

y가 4보다 크면(그래서 z 역시 4보다 크면), 해답이 없는데, 그러면 **1/y+1/z은 2/5와 같거나 작기 때문**이다. 그러나 **1/y+1/z은 1/2**이어야 한다.

그래야 방정식 **$1/2+1/y+1/z=1$**이 성립된다.

c) $x=3$

y와 z가 적어도 x와 같거나 크기 때문에, 해답은 하나뿐이다. **$y=3$**이고 **$z=3$**일 때. y와 z 둘 중 하나 혹은 둘 다 3보다 크면, $1/x+1/y+1/z$은 1보다 작다.

A33 낯선 사람 세 명이 만나는 블라인드 데이트

정답은 정확히 두 개다. 16, 15 그리고 9, 2

미지수가 두 개인 방정식을 풀려면, 두 가지 공식이 필요하다. 그러면 약간의 행운과 함께 미지수 두 개가 갑자기 하나로 바뀐다. 그러면 문제가 벌써 훨씬 만만해 보인다.

우리의 문제를 보면 :

$x^3-y^3=721$

이항정리 공식 **$x^2-y^2=(x-y)(x+y)$**를 아직 기억하는가? **x^3-y^3** 역시 비슷한 방식으로 두 항으로 분리할 수 있다. 다음의 공식이 성립한다.

$x^3-y^3=(x-y)(x^2+xy+y^2)$

의심이 든다면, **$x(x^2+xy+y^2)-y(x^2+xy+y^2)$**를 계산해서 아주 간단히 확인해 볼 수 있다. 그러나 이런 이항정리로 뭘 얻을 수 있을까? 다음과 같은 새로운 방정식을 얻는다.

$(x-y)(x^2+xy+y^2)=721$

이 방정식은 솔직히 원래 방정식보다 훨씬 더 복잡해 보인다! 맞는 말이지만, 그럼에도 이것이 우리에게 더 도움이 된다. x와 y는 자연수이기 때문에 **$(x-y)$와 (x^2+xy+y^2) 역시 정수**여야 한다. 그러므로 두 수의 곱이 721이어야만 해답이 있고, 이때 $(x-y)$가 두 항 중 더 작은 수일 수밖에 없다.

우리는 721을 어떻게 두 항으로 분리할 수 있을까? 소수를 이용하면 된다. 721이 소수 7의 배수임을 한눈에 알 수 있다. 721을 7로 나누었을 때 몫인 103 역시 소수이다. 721을 또한 1과 721의 곱으로 쓸 수 있음을 주목한다면, 다음과 같은 두 가지 등식이 생긴다.

$7 \times 103 = 721$

$1 \times 721 = 721$

그러므로 $(x-y)$는 1이거나 7이어야 한다. 그리고 **(x^2+xy+y^2)은 721 혹은 103**이어야 한다. 우리는 이제 이 조건을 만족하는 자연수 x, y가 있는지만 살피면 된다.

경우 1 : $(x-y)=1$

$x=y+1$을 $x^2+xy+y^2=721$에 대입하면 다음을 얻는다.

$y^2+2y+1+y^2+y+y^2=721$

$3(y^2+y)=720$

$y^2+y-240=0$

이 방정식의 해는 두 개다. **$y=15$** 그리고 **$y=-16$**. y가 자연수여야 하므로, **$y=15$**만 답으로 인정된다. **$x=y+1$**이므로 이제 **$x=16$**임을 알 수 있다. 이것으로 우리는 벌써 문제의 해답 중 하나를 얻었다.

경우 2 : $(x-y)=7$

$x=y+7$을 $x^2+xy+y^2=103$에 대입하면 경우 1과 비슷한 계산으로 **$x=9$, $y=2$**를 얻는다.

방정식 **$x^3-y^3=721$**을 만족하는 자연수 x, y는 정확히 각각 두 개이다. **(16, 15) 그리고 (9, 2)**.

A34 원숭이 100마리에게 줄 코코넛 1600개

이런 문제는 이른바 '비둘기집 원리'로 풀 수 있다. 비둘기를 집에 하나씩 넣을 때, 한 마리 혹은 여러 마리가 남거나 부족하다. 아주 모호하게 들릴 것이다. 구체적인 사례를 보면, 이해하기가 더 쉬울 것이다.

우리는 귀류법을 쓸 것이다. 그러니까 부정명제가 거짓임을 증명하여 원래의 명제가 참임을 증명한다. 우리는 원숭이 네 마리가 같은 수의 코코넛을 받지 못하도록 코코넛 1600개를 나누려 애쓸 것이다. 다시 말해 동일한 코코넛 개수는 최대 세 번까지만 나와야 한다. 이것에 실패하면, 우리는 이 문제를 푼 것이다. 아무리 애를 써도 코코넛 1600개를 원하는 대로 분배할 수 없음을 알게 될 것이다.

먼저 코코넛을 원숭이 99마리에게 나눠준다. 원숭이 세 마리는 아무것도 받지 못하고, 다음 세 마리는 한 개, 그다음 세 마리는 두 개, 그렇게 계속 나눠주면 마지막 세 마리는 32개씩 받는다.

그리하여 **3×(0+1+2+⋯+32)= 1584**개가 분배되었다.

이것은 문제의 조건을 만족하도록 99마리 원숭이에게 코코넛을 나눠 줄 수 있는 최소한의 개수이다.

이제 100번째 원숭이에게 줄 코코넛이 아직 **16개(1600-1584=16)**가 남아 있다. 그러면 이 마지막 원숭이는, 16개씩 받은 원숭이 세 마리에 이은 네 번째 원숭이가 될 수밖에 없다.

이것으로 우리는 최대 세 마리에게만 똑같은 개수의 코코넛을 나눠주는 방법이 존재하지 않음을 입증했다.

A35 거짓말, 진실, 바이러스

가능한 질문 하나는 "바이러스에 감염되었습니까?"이다. 악당이면 바이러스에 감염이 되었든 안 되었든, 이 질문에 언제나 '예'라고 답할 것이다. 기사는 언제나 '아니오'라고 답한다.

다음의 표는 질문을 받은 섬주민이 대답할 수 있는 네 가지 조합을 보여준다.

질문받은 사람	진실	대답
건강한 기사	아니오	아니오
감염된 기사	예	아니오
건강한 악당	아니오	예
감염된 악당	예	예

A36 누가 도둑인가?

형사는 범인을 알아냈다. 도둑은 베르트이다.

아담은 틀림없이 거짓말쟁이일 터인데, 정직한 섬주민은 절대 아담처럼 말할 수 없기 때문이다. 정직한 섬주민은 도둑일 수 없을 테니까.

아담은 비록 거짓말쟁이지만 형사가 찾고 있는 도둑이 아니다. 아담의 대답이 거짓말이라면, 도둑이 아니란 뜻이기 때문이다. 그러므로 찾아야 하는 도둑과 정직한 섬주민은 베르트와 크리스이다. 그러나 둘 중 누가 도둑일까?

베르트가 말한다 : "아담 말이 맞아요." 이것은 거짓말이다. 우리가 이미 알고 있듯이, 아담은 비록 거짓말쟁이지만 도둑은 아니다. 그러므로 베르트 역시 거짓말쟁이다. 그러므로 크리스가 정직한 섬주민이다. 셋 중 적어도 한 명은 언제나 진실만을 말하기 때문이다.

베르트가 거짓말을 하고, 아담 역시 거짓말을 하지만 도둑은 아니므로, 결국 베르트가 도둑이다.

A37 유부녀 혹은 싱글?

이 여자는 싱글이면서 거짓말쟁이다.

이 여자는 진실을 말하는 사람이 아니다. 그랬더라면 자신이 거짓말쟁이라고 말하지 않을 터이다. 그러므로 여자는 거짓말쟁이여야 한다.

만약 이 여자가 거짓말쟁이라면, "유부녀 거짓말쟁이"라는 말 역시 거짓말이어야 한다. 싱글이어야 이 말이 거짓일 수 있다. 여자는 어쨌든 거짓말쟁이니까. 그러므로 여자는 싱글이면서 거짓말쟁이다. 싱글이라고 해서 반드시 미혼일 필요는 없다. 이혼했거나 사별한 사람일 수도 있다.

A38 누가 하얀 모자를 썼을까?

모자 퀴즈에는 두 가지 전제조건이 있다. 세 남자는 서로 얘기를 해선 안 된다. 그리고 하얀 모자를 쓴 남자는 이 사실을 스스로 알아내야 하고 오직 그 남자만 판사에게 가야 한다.

논리 퀴즈에서 흔히 그렇듯, 모든 경우의 수를 구별하는 것이 도움이 된다. 누가 하얀 모자를 썼을까? 정확히 세 경우가 있다.

1) 맨 뒤에 선 남자

맨 뒤에 선 남자가, 자기 앞의 두 남자가 회색 모자를 쓴 것을 본다. 그러니까 자신의 모자가 하얀색일 수밖에 없다. 그가 외친다. "내가 하얀 모자를 썼어."

2) 가운데에 선 남자

맨 뒤에 남자는 아무 말도 하지 않는다. 그는 자기 앞에서 하얀 모자를 봤을 테니까. 가운데 남자가 자기 앞에 선 남자의 회색 모자를 본다. 뒷사람의 침묵에서 그는 자신이 하얀 모자를 썼다는 결론을 내릴 수 있다. 그러면 그는 판사에게 간다.

3) 맨 앞에 선 남자

뒤에 선 두 남자는 맨 앞의 남자가 하얀 모자를 썼음을 본다. 그래서 아무 말도 하지 않는다. 뒤에 선 두 남자의 침묵에서 맨 앞에 선 남자는, 자신이 하얀 모자를 썼음을 유추할 수 있다. 그러므로 그가 판사에게 간다.

A39 다음에 무엇이 올까?

그림 D가 와야 한다.

3×3 격자판에서 각각의 작은 물체가 이동한다. 각 물체가 어떤 규칙으로 이동하는지 분석해야 한다. 다음의 그림은 각 물체의 이동을 선으로 보여준다.

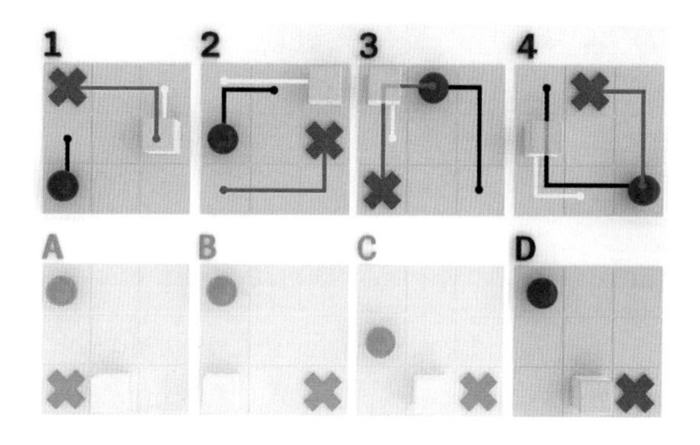

1번 그림에서 왼쪽 위에 있는 붉은 십자가부터 보자. 이 십자가는 체스의 나이트처럼 움직인다. 즉, 두 칸을 전진한 다음 한 칸 옆으로 이동한다. 그러나 또한 이 규칙을, 십자가가 3×3 격자판의 가장자리를 따라 시계방향으로 언제나 세 칸씩 전진한다고 표현할 수도 있다. 그러므로 다섯 번째 그림에서는 오른쪽 아래에 있게 된다.

이제 노란색 정육면체다. 이것 역시 가장자리를 따라 이동하지만, 시계

반대 방향이다. 정육면체는 먼저 한 칸을 전진하고, 그다음 두 칸, 그다음 다시 한 칸 그리고 그다음 당연한 결과로 다시 두 칸을 전진할 것이다. 그러므로 노란색 정육면체는 다섯 번째 그림에서 맨 아랫줄 가운데 칸에 있게 된다.

끝으로 파란색 공이다. 이것은 시계방향으로 이동한다. 먼저 한 칸을 전진하고, 그다음 두 칸, 그다음 세 칸, 그다음 네 칸. 그러므로 다섯 번째 그림에서 이 공은 왼쪽 위에 있게 된다.

A40 모두 거짓일까?

2018쪽에 다음과 같이 진실이 적혀있다.

이 책에는 정확히 거짓말 2018개가 적혀있다.

이 페이지를 뺀 나머지 모든 페이지에 적힌 다른 모든 문장은 거짓말이다. 이 책의 각 문장은 다른 쪽에 적힌 다른 문장과 모순된다. 한 책에 담긴 거짓말 개수가 서로 다를 수는 없기 때문이다. 그러므로 2019개 문장 모두가 거짓이거나, 단 한 문장만이 진실이다.

경우 1 :

모든 문장이 거짓이라면, 2019쪽에 적힌 문장 "이 책에는 정확히 거짓말 2019개가 적혀있다"는 맞는 말이 된다. 즉, 이 문장은 거짓말이 아니게 된다. 그러면 2019개 문장 모두가 거짓이라는 가정과 모순된다. 그러므로 이 가정은 틀렸다.

경우 2 :

이제 한 가지 경우만 남았다. 2019개 문장 중에서 하나만 진실이고 2018개 문장이 거짓인 경우. 2018쪽에 적힌 내용은 진실이고 오직 이 문장만 진실이다. 하나뿐인 진실은 다음과 같다.

이 책에는 정확히 거짓말 2018개가 적혀있다.

A41 침묵수도원의 영리한 수도자

원장이 전염병 소식을 알린 후 지난 날짜와 감염자 수가 정확히 일치한다. 그래서 감염자 수는 8명이고, 이 수도원에는 원래 24명이 있었다.

왜 그럴까?

모든 수도자는 몇 명이 이마에 점이 생겼는지 볼 수 있고, 자신의 감염 여부를 정확한 논리로 알아낼 수 있다.

먼저 정확히 한 명이 감염된 경우를 보자. 모든 비감염자는 원장의 전달이 있던 날에 이마에 점이 있는 그 한 명을 본다. 그러나 그들은 자신이 감염되었는지 아닌지 알지 못한다. 자신도 감염자라면, 수도원의 감염자는 둘일 것이다.

감염된 단 한 명의 눈에는 이마에 점이 있는 수도자가 안 보인다. 적어도 한 명이 감염되었다고 했으므로, 그는 자신이 그 한 명임을 알게 된다. 그러므로 그는 식사 후에 즉시 수도원을 떠나고 다음 날 식당에 오지 않는다.

감염자가 두 명일 경우를 보자. 두 감염자를 제외한 모든 수도자는 이마에 점이 있는 두 사람을 본다. 그들은 감염자가 적어도 2명이고 (자기 자신이 감염자라면) 최대 3명임을 안다.

반면 감염자 두 사람은 이마에 점이 있는 수도자를 단 한 명만 본다. 두 사람은 적어도 한 명이 감염되었고, 만약 자기 자신도 감염되었다면(물론 아직은 모르지만) 2명일 수 있음을 안다.

다른 감염자 한 명이 전달 다음 날에 식당에 나왔다는 사실에서, 두 수도자는 자신도 감염되었다는 결론을 내릴 수 있다. 다른 감염자가 유일한 감염자였더라면, 그는 첫날에 이미 그것을 알고 수도원을 떠났을 터이다(첫 번째 경우 참고). 그래서 원장의 전달 후 두 수도자는 감염자가 정확히 두 명임을 알고 함께 수도원을 떠날 것이다. 그래서 두 번째 날에 그들은 점심 식사에 참여하지 않는다.

3명이 감염된 경우를 보자. 세 감염자를 제외한 모든 수도자는 이마에 파란 점이 있는 세 사람을 본다. 이들은 총 셋 혹은 (자기 자신이 감염자라면) 최대 4명의 감염자가 있다고 확신할 수 있다.

반면 감염된 세 사람은 이마에 점이 있는 사람을 두 명만 본다. 세 사람 모두가 전달 후 두 번째 날에 다음과 같이 깊이 생각한다. 내가 감염자가 아니라면, 두 명이 감염자라는 뜻이고, 그들은 그것을 전염병 소식이 전달된 다음 날에 이미 알았을 테니, 두 번째 날 점심 식사에는 오지 않았을 터이다(두 번째 경우 참고). 그러나 그들이 점심 식사에 나왔다는 것은 나도 감염자라는 뜻이다.

3명이 감염되었고 이 세 사람은 세 번째 날에 식당에 없다.

이것은 감염자가 4, 5, 6, 7, 8명일 경우에도 똑같이 적용된다. 그러므로 8일째에 3분의 1이 점심 식사에 오지 않았다면, 감염자가 총 8명이라는 뜻이고, 수도자는 원래 24명이었다.

A42 잘못된 길?

"당신은 왼쪽 길이 성으로 가는 길이라고 주장하는 사람에 속합니까?"

"예"라고 대답했다고 가정해보자.

이 남자가 진실을 말한 거라면 왼쪽 길이 맞다.

반면 이 남자가 거짓말을 하는 사람이라면, 그는 사실 성으로 가는 길이 왼쪽 길이라고 주장하는 사람에 속하지 않는다. 오른쪽 길이라고 주장하는 사람이다. 그가 오른쪽 길이 성으로 가는 길이라고 한다면, 왼쪽 길이 맞는 길이다. 이 남자는 거짓말쟁이니까. 그러므로 여기서도 왼쪽 길이 맞고, 당신은 "예"라는 대답을 그대로 따를 수 있다.

이제 대답이 "아니오"일 경우를 보자.

이 남자가 진실을 말한다면, 오른쪽 길이 맞는 길이다. 이 남자가 거짓말쟁이라면, 역시 오른쪽 길이 맞는 길이다. 그 까닭은 왼쪽 길에 대한 위의 주장과 같다.

A43 진실을 밝혀라

세 번째 남자가 거짓말쟁이고, 나머지 두 사람은 진실을 말한다.

종업원의 질문에 거짓을 말하는 사람과 진실을 말하는 사람은 같은 대답을 한다. "나는 항상 진실을 말합니다." 그러므로 종업원의 질문은 실제로 좋은 질문이 아니었다.

그렇더라도 상황은 해명될 수 있다. 첫 번째 남자의 대답은 비록 잘 알아들을 수 없었지만, 종업원이 듣지 못한 말을 두 번째 남자가 말해준다. 두 번째 남자의 첫 문장("첫 번째 남자는, 자신이 정직한 사람이라고 말했어요.")은, 첫 번째 남자가 거짓말을 했든 아니든 상관없이 아무튼 진실이다. 그러므로 두 번째 남자는 거짓말쟁이가 아닐 것이다. 그러므로 첫 번째 남자 역시 거짓말쟁이가 아니다. 그러면 세 번째 남자가 거짓말쟁이다. 그는 다른 두 사람을 거짓말쟁이라고 말했고, 그것은 확실히 거짓말이다.

A44 영리하게 질문하기

마술사는 가방에서 카드 뭉치를 꺼내 거기서 카드 한 장을 뺀 다음, 보지 않고 여자에게 보여주며 묻는다. "에이스인가요?"

대답을 들은 뒤 카드를 뒤집으면, 여자가 거짓말을 했는지 아닌지 즉시 알 수 있다.

A45 교차로에 선 산타클로스

해답의 실마리는, 부엉이가 진실 혹은 거짓 어떤 모드에 있든, 항상 같은 대답을 한다는 데 있다.

첫 번째 질문으로 이렇게 묻는다. "나의 다음 질문이 '직진 길이 도시로 가는 길이야?'라면 넌 뭐라고 답할 거야?"

만약 직진 길이 맞는 길이라면, 부엉이는 어떤 모드에 있든 상관없이 '아니오'라고 답할 것이다. 왜냐고? 현재 거짓말 모드라면, 두 번째 대답에서는 진실을 말할 것이고, 그러면 '예'라고 대답할 것이므로, 첫 번째 질문에는 거짓으로 '아니오'라고 답한다. 이 부엉이가 진실 모드에 있다면, 두 번째 질문에 거짓 대답인 '아니오'라고 할 것이고, 그러므로 진실 그대로 첫 번째 대답에서 '아니오'라고 답한다.

첫 번째 질문의 대답으로 '아니오'를 들었다면, 산타클로스는 답을 안다!

반면 '예'라는 답을 들었다면, 길은 아직 찾지 못했다. 왼쪽 혹은 오른쪽 두 가지 경우가 남았기 때문이다. 이 경우 산타클로스는 두 번째 질문으로 이렇게 묻는다. "나의 다음 질문이 '오른쪽 길이 도시로 가는 길이야?'라면 넌 뭐라고 답할 거야?"

'아니오'라고 답하면 오른쪽 길이 정답이고, '예'라고 답하면 왼쪽 길이 정답이다.

A46 삼각형 피라미드

피라미드의 높이는 1/3이다.

피타고라스의 정리를 이용하면, 비교적 복잡하지만, 아무튼 높이를 계산할 수 있다. 그러나 요령 하나만 알면 훨씬 간단해진다. 이때 피라미드의 부피 공식이 도움이 된다.

부피 = $\frac{1}{3}$ × 밑면의 면적 × 높이

피라미드 밑면의 면적은, 전체 정사각형 넓이에서, 전체 정사각형 넓이의 1/4 두 개와 1/8 한 개를 뺀 면적이다. 즉 피라미드 밑면의 면적은 3/8이다. 높이는 아직 모른다. 그러므로 아직 부피를 구할 수 없다.

그러나 피라미드를 가장 작은 면, 즉 오른쪽 상단의 회색 삼각형이 밑면으로 가게 세우면, 부피를 쉽게 계산할 수 있다. 이 밑면의 면적은 1/8이다. 그리고 우리는 이것을 밑면으로 하는 피라미드의 높이를 안다. 그것은 1인데, 피라미드의 오른쪽 상단 모서리에 있는 세 옆면의 세 각 모두가 90도이기 때문이다. 그러므로 정사각형의 변의 길이와 일치한다. 피라미드의 부피는 그러므로

$$\frac{1}{3} \times \frac{1}{8} \times 1 = \frac{1}{24}$$

이제 피라미드가 가장 큰 면을 밑면으로 할 때, 피라미드의 높이를 쉽게 계산할 수 있다. 그것은 1/3인데, 그래야만 부피가 $\frac{1}{3} \times \frac{3}{8} \times \frac{1}{3} = \frac{1}{24}$로 일치하기 때문이다.

A47 이상적 입체도형을 찾아서

세 구멍을 통과할 때 완전히 딱 들어맞는 입체도형이 하나 있다. 아래 그림이 보여주듯이, 그것은 폭과 높이가 똑같은 원기둥에서 양쪽으로 비스듬히 잘라낸 입체도형이다.

A48 끈에 묶인 지구

정답은 b) 10에서 20센티미터 사이이다.

이 문제를 풀기 전이었다면, 나는 10센티미터 미만을 답으로 골랐을 터이다. 4만 킬로미터가 넘는 끈에 1미터를 더해봐야 아주 작은 변화만 있을 거라 생각했기 때문이다.

그러나 그렇지 않다. **원의 둘레는 2 × π × r 공식으로 계산**한다. 다시 말해, 둘레를 특정 길이만큼 늘리면, 반지름은 이 길이의 약 1/6만큼 늘어난다.

우리의 경우에 적용하면, 둘레가 1미터 증가했으므로 반지름은 1미터를 2π로 나눈 값만큼 늘어난다. 그 결과는 약 15.9센티미터이다.

A49 다섯 줄로 선 나무 열 그루

할 수 있다. 열 그루를 땅 주인의 소망에 맞게 배열할 수 있는 기하학 형태가 있다. 다음의 그림이 한 가지 해답을 보여준다.

모든 나무는 각각 동시에 두 줄에 속해야 한다. 그래야 나무 열 그루로 다섯 줄을 만들면서 한 줄에 네 그루씩 속하도록 배열할 수 있다.

형태로 보면 꼭지가 다섯 개인 펜타그램, 오각별 혹은 오각성이라고도 불리는 별 모양이다. 오각별은 말하자면 오목한 십각형이다.

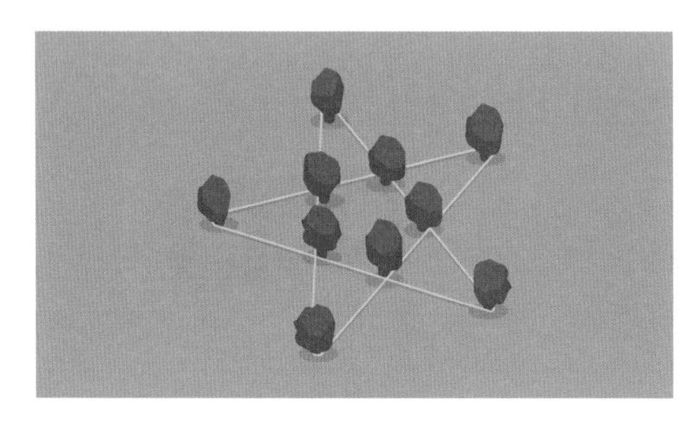

볼록한 다각형(폴리곤)의 경우, 모든 내각이 180도보다 작다. 그러나 오

각별의 경우 열 각 중에서 다섯 각만 볼록하다. 나머지 다섯 각의 내각은 180도보다 크다.

아무튼, 이 문제에는 무수한 해답이 존재한다. 다음의 조건을 만족하는 직선 다섯 개의 교차점에 나무를 심으면 된다.

1) 평행하는 직선이 없어야 한다.

2) 어떤 지점에서도 두 개 이상의 선이 교차하지 않는다

1)과 2)를 만족하면, 각각의 다섯 줄은 각각 다른 네 줄과 교차한다. 그래서 교차점이 열 개가 생긴다(**5×4/2=10**). 그리고 이 교차점 열 개에 나무 열 그루를 심어야 한다. 독자 슈테판 포이히팅거Stefan Feuchtinger가 이런 일반 풀이법을 내게 보내주었다. 고맙습니다!

A50 내부 정사각형의 크기는?

내부 정사각형의 면적은 외부 정사각형 면적의 절반이다.

그것을 알아내기 위해 굳이 복잡한 면적계산을 하지 않아도 된다. 내부 정사각형을 원의 중심점을 축으로 45도 회전하면 충분하다.

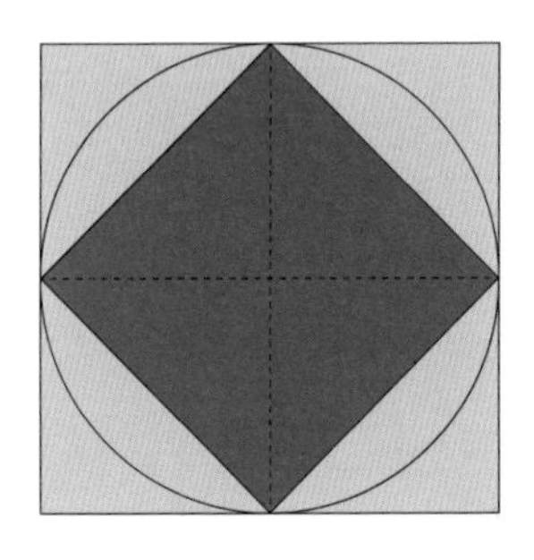

그러면 해답을 즉시 알 수 있다. 내부 정사각형은 직각삼각형 네 개로 구성된다. 그리고 외부 정사각형은 그런 직각삼각형 여덟 개의 합이다. 이 여덟 개 삼각형은 모두 크기가 같다. 그러므로 외부 정사각형은 내부 정사각형보다 두 배가 크다.

A51 구르는 동전

동전 내부의 작은 코어는 B1-B2 경로를 정말로 구르는 게 아니다. 적어도 우리가 '구른다'라고 부르는 방식으로는 아니다. 동전의 내부는 지나온 경로에 필요한 것보다 더 천천히 회전한다.

이 움직임은 구르면서 동시에 미끄러지거나 밀리는 둥근 원판과 비슷하다.

동전의 중심점을, 반지름이 0인 원으로 상상하면 이해하기 쉽다. 이 점은 굴러서 자리를 이동한 것이 아니라, 그저 밀려서 이동한 것이다.

아주 오래된 이 퀴즈는 아리스토텔레스의 '바퀴 역설'로도 유명하다.

A52 피자 조각 속의 원

$R = \frac{1}{3} r$

원 안에 선을 몇 개만 더 그리면, 전혀 복잡하지 않게 해답을 찾을 수 있다. 꼭지각 60도를 각각 30도씩 둘로 나누는 선의 길이는 r이다. 다음의 그림에서는 파란색 s선과 길이가 R인 붉은색 선으로 표시되었다.

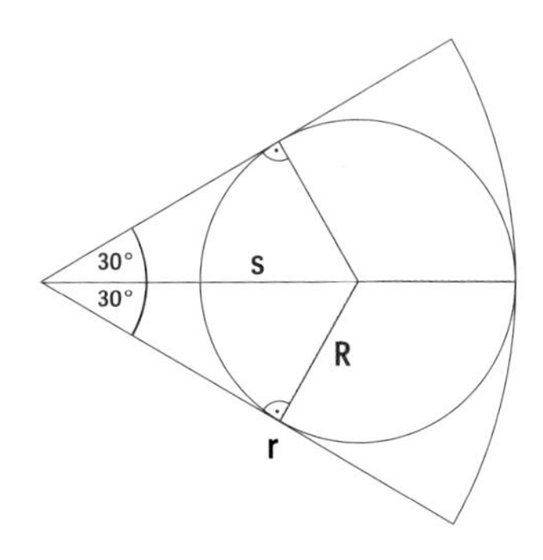

R은 내부 원의 반지름이고 s는 꼭짓점에서 내부 원의 중심점까지 잇는 선이다. 그림 참고. 그러므로 **r=s+R**.

동시에 s가 R의 두 배 길이임을 우리는 안다. s와 R은 내각이 30, 60, 90도인 직각삼각형의 가장 긴 변(빗변)과 가장 짧은 변이기 때문이다.

이런 삼각형에서는 빗변의 길이가 가장 짧은 변의 두 배이다. 두 번째로 긴 변을 대칭으로 이 삼각형을 반사하면, 내각이 모두 60도인 정삼각형이 되기 때문이다.

$s = r - R = 2R$

그러므로 $R = \frac{1}{3}r$

A53 한 번에 점 16개 연결하기

나는 비교적 빨리 해답 하나를 찾아냈고, 인터넷 검색으로 또 다른 해답을 만났다.

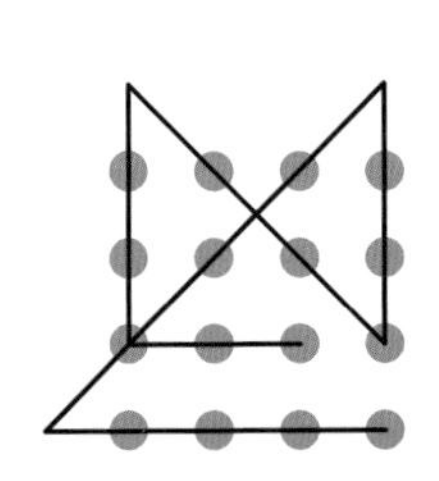
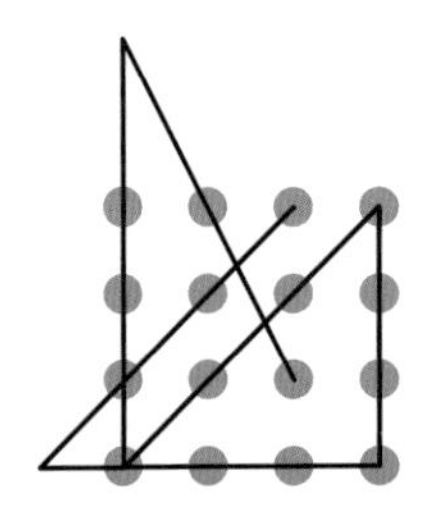

나는 독자들에게 또 다른 해답을 발견할 경우 그 해답을 보내 달라고 청했었다. 수많은 메일이 왔다! 놀라운 대칭 혹은 비대칭의 무수한 해답에 나는 깜짝 놀랐다. 아마도 더 있을 것이다.

모든 해답을 찾는 작업은 수학자에게도 흥미로운 과제일 터이다. 나는 아직 그것에 관한 출판물을 만나지 못했다.

다음의 두 해답은 다양한 변형으로, 특히 빈번하게 등장했다. 둘은 각각 두 그룹에서 뽑은 것으로, 각 그룹의 해답은 시작점과 끝점이 다를 뿐, 16개 점이 항상 여섯 획으로 연결된다.

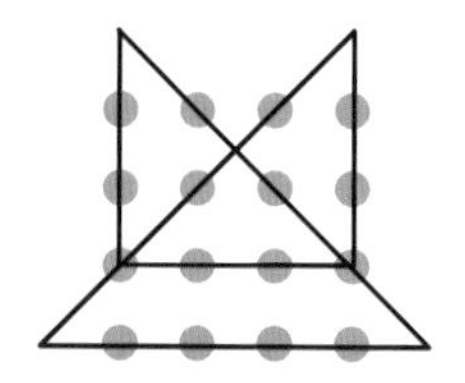
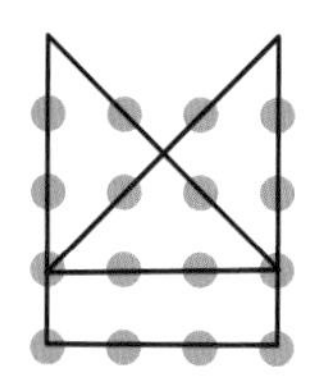

왼쪽 그림은 내가 제안한 해답인데, 여기서는 니콜라우스의 집 그리기에서처럼 시작점과 끝점이 만났을 뿐이다.

다음의 두 해답이 특히 내 맘에 들었는데, 당연히 아름다운 모양과 대칭 때문이다.

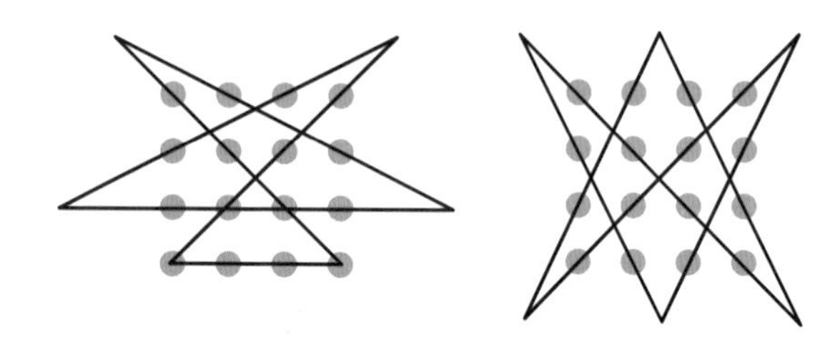

오른쪽 그림에는 특징이 하나 있다. 선이 16개 점 각각을 단 한 번씩만 지난다. 내가 제안한 해답에서는 그렇지 않았다.

선이 모든 점을 한 번만 지나는 다른 해답들이 더 있다.

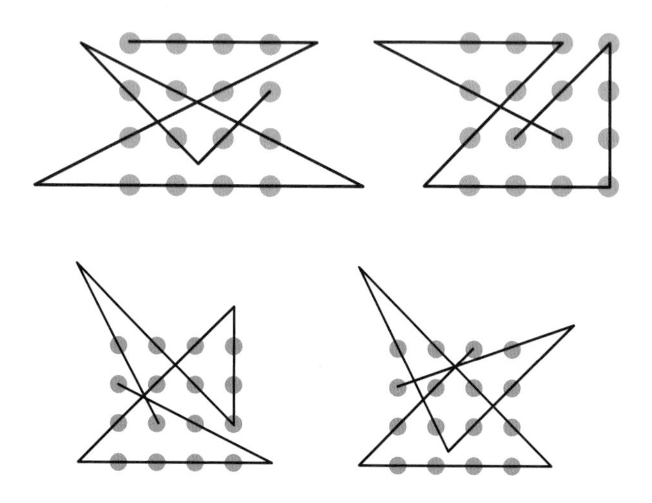

선이 적어도 한 점을 한 번 이상 지나는 다른 해답들도 있다.

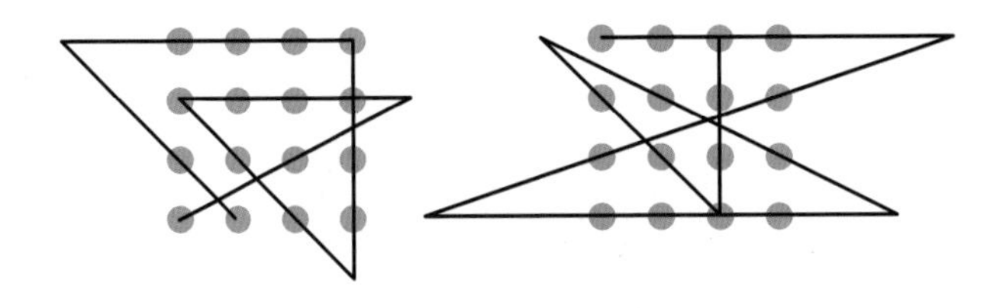

내게 해답을 보내준 꼼꼼한 독자들에게 다시 한번 감사를 전한다!

A54 절단된 정육면체

절단면 모양으로 삼각형과 육각형은 쉽게 나올 수 있다. 반면 오각형은 불가능하다.

삼각형과 육각형 절단면을 어떻게 만드는지 그리고 왜 오각형 절단면은 불가능한지를, 다음의 그림이 보여준다.

정삼각형 : 문제없다! 인접한 세 면에 각각 대각선을 그린다. 세 대각선은 길이가 같고, 정삼각형을 이룬다.

오각형 : 절단면을 아주 노련하게 정하면, 어떻게든 오각형 모양을 만들 수는 있다. 그러나 이 오각형은 정상적인 오각형이 아니다.

오각형의 각 다섯 변은 어쩔 수 없이 정육면체의 다른 면에 있게 된다. 정육면체는 면이 여섯 개뿐이고 평행한 정사각형 쌍으로 구성되었기 때문에, 두 면씩 두 쌍이 마주 보고 있고, 평평하게 자르므로 각각 서로 평행하다. 그러나 오각형에는 평행한 변이 없다.

육각형 : 이 모양 역시 어렵지 않게 만들 수 있다. 정육면체 각 변의 중앙에 점을 찍는다. 그다음 이 여섯 점을 육각형으로 연결하면 육각형 절단면을 얻는다. 그림 참고.

A55 원 여섯 개에 둘러싸여

$6 \times \sqrt{3} - 2 \times \pi = 4.11$

원 여섯 개의 중심점을 연결하면 정육각형이 생긴다. 그러면, 붉은색으로 칠해진 면적은 이 정육각형의 면적에서, 육각형과 원이 겹쳐진 부채꼴 여섯 개의 면적을 뺀 것과 정확히 일치한다.

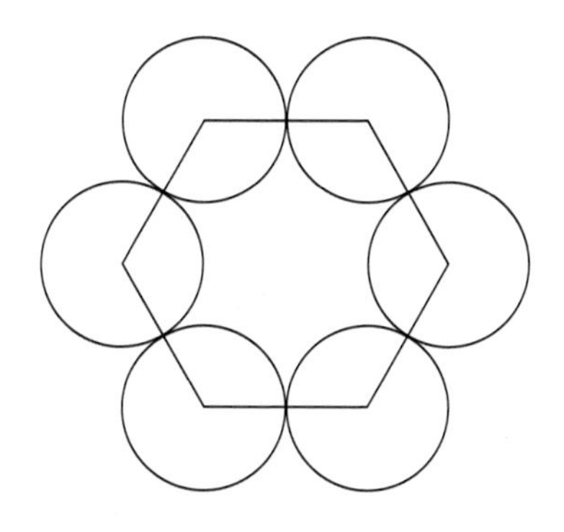

육각형의 면적은 한 변의 길이가 2인 정삼각형 여섯 개의 면적과 일치한다. 이런 삼각형의 높이는 **$\sqrt{3}$** 인데, 이것은 피타고라스 정리로 쉽게 계산할 수 있다(**빗변의 길이=2, 짧은 변의 길이 = 1, 높이 = $\sqrt{2\times2-1\times1}=\sqrt{3}$**). 그러므로 삼각형의 면적은 **$2\times\sqrt{3}/2=\sqrt{3}$**. 그러므로 육각형의 면적은 **$6\times\sqrt{3}$** 이다.

각각의 부채꼴은 원 면적의 3분의 1이다. 그런 부채꼴이 여섯 개이므로 원 면적의 두 배이다. 그러니까 **$2\times\pi$**. 육각형 면적에서 이것을 빼면 된다.

그러므로 붉은색으로 칠해진 부분의 면적은

$6\times\sqrt{3}-2\times\pi$

A56 경사진 절단면

절단면은 정육각형이고 가운데 있는 구멍은 육각별 모양이다. 이 육각별의 꼭지들은 육각형 각 변의 중간을 가리킨다.

A57 책상 위의 동전 100개

주잔네가 먼저 동전 두 개를 가져간다. 그러면 98개가 책상에 남고 미하엘 차례다. 이제 주잔네는 다음의 규칙을 따르면 무조건 이긴다.

주잔네는 매번 미하엘이 가져간 개수와 자신이 가져간 개수가 항상 일곱 개가 되게 하면 된다.

예를 들어 미하엘이 하나를 가져가면 주잔네는 여섯 개를 가져간다. 미하엘이 두 개를 가져가면 주잔네는 다섯 개, 그런 식으로 미하엘이 여섯 개를 가져가면 주잔네는 한 개를 가져가면 된다.

이런 전략으로 주잔네는 매번 7의 배수로 동전을 책상에서 없애가면, 주잔네는 무조건 마지막 동전을 책상에서 가져가게 된다. 98=7×14이므로 주잔네는 책상 위의 동전 100개 게임을 이길 것이다.

A58 양을 지켜라

다음의 표가 모두가 안전하게 강을 건너는 방법을 보여준다. W는 늑개를, S는 양을 의미한다. 총 11단계를 거쳐야 한다.

단계	이쪽 편	보트 안	건너편
1	SSS W	WW →	
2	SSS W	← W	W
3	SSS	WW →	W
4	SSS	← W	WW
5	S W	SS →	WW
6	S W	← S W	S W
7	WW	SS →	S W
8	WW	← W	SSS
9	W	WW →	SSS
10	W	← W	SSS W
11		WW →	SSS W

A59 쫓기는 왕

현재 나이트가 있는 필드의 색만 주의하면, 킹은 나이트에게 잡히지 않을 수 있다.

나이트는 움직일 때마다 필드의 색을 바꾼다. 흰색에 있으면 다음 이동 후에는 어쩔 수 없이 검은색 필드에 있게 된다. 그리고 반대의 경우도 마찬가지다. 킹은 이 점을 이용해 항상 현재 나이트가 있는 필드의 색으로 이동하면 된다.

다음 이동에서 나이트는 다른 색 필드로 갈 수밖에 없다. 그러므로 나이트는 킹을 잡을 수 없다.

A60 정확히 100점 채우기 — 어떻게?

세 사람 모두 맞다!

각 선수에게 맞는 점수를 이렇게 저렇게 맞추다 보면 해답을 찾아낼 수 있으리라. 어쩌면 당신은 **2×47+6이 정확히 100**임을 알아냈을 터이다. 그러므로 마이크의 말은 아무튼 맞다. 그러나 여섯 번 혹은 여덟 번 던지는 경우라면 이렇게 저렇게 맞춰보는 것이 약간 더 오래 걸린다. 체계적으로 접근하는 편이 더 낫다.

다트판 위의 숫자는 6 혹은 7로 끝난다. 여러 번 던져서 얻은 점수를 더해 100이 되려면 끝자리 수의 합계가 10의 배수여야 한다.

1×6은 6으로 끝나고, **2×6은 2, 3×6은 8**, 그렇게 계속된다. **1×7은 7**로 끝나고, **2×7은 4, 3×7은 1**, 그렇게 계속된다. 다음의 표는 6과 7의 배수가 어떤 숫자로 끝나는지 보여준다. 여기서는 끝자리 수만 중요하다.

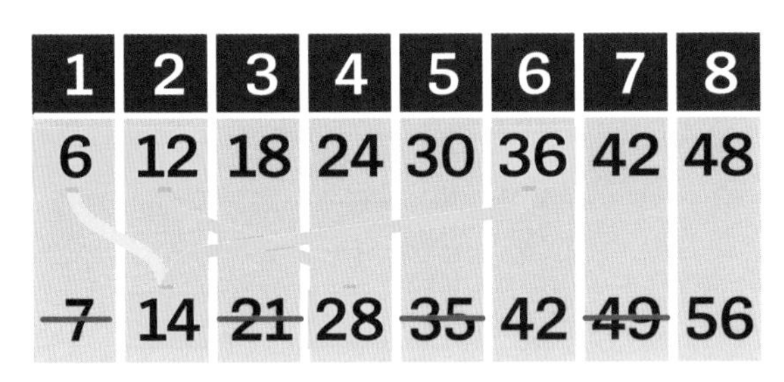

이제 6으로 끝나는 수 몇 개와 7로 끝나는 수 몇 개가 합쳐져야 0으로 끝나는 수가 나오는지 확인한다. 다음의 결과를 얻는다.

3회 던지기 : 1×6+2×7=20

6회 던지기 : 2×6+4×7=40

8회 던지기 : 6×6+2×7=50

또 다른 조합이 더 있다.

예를 들어 **3×6+6×7=60 혹은 5×6=30.**

그러나 우리의 문제에서는 표에서 노란색으로 표시한 6, 12, 36만 보면 된다. 그것만이 마이크, 크리스티안, 아일라가 말한 던지는 횟수와 일치하기 때문이다.

이제 이 세 경우로 100점을 만들 수 있는지 해명하면 된다. 지금까지 우리는 단지 점수의 합이 10의 배수라는 것만 안다.

그리고 다음의 점수 조합이 보여주는 것처럼 정말로 세 선수 모두의 말이 맞다. (아무튼, 이것만이 유일한 해답은 아니다.)

1) 36+27+37=100

2) 2×6+7+17+27+37=100

3) 2×6+4×16+7+17=100

A61 당신의 모자는 무슨 색일까?

열 명 중 다섯 명은 확실히 석방된다.

다음의 전략을 미리 합의한다. 나란히 선 열 명의 수감자는 남녀로 구성된 다섯 쌍을 만든다. 첫 번째 두 사람이 첫 번째 쌍이고, 다음 두 사람이 두 번째 쌍이고 그런 식으로 계속.

모두가 모자를 쓴 뒤, 각자 짝꿍의 모자 색을 본다.

각 쌍의 남자가 소장에게 가서 짝꿍이 쓰고 있었던 모자의 색을 말한다. 여자는 짝꿍의 모자 색과 다른 색을 말한다. 짝꿍이 붉은색 모자를 썼으면 여자는 파란색이라고 말하고, 파란색을 썼으면 붉은색이라고 말한다.

이 전략 덕분에 다섯 쌍에서 각 한 명씩 석방된다. 왜? 한 쌍에서 둘은 같은 색이거나 다른 색 모자를 썼다. 같은 색이면 남자가 석방되고, 다른 색이면 여자가 석방된다.

A62 어떤 상자에 어떤 포도주가 들었을까?

최소 세 병을 꺼내보면 네 상자의 내용물을 알아낼 수 있다.

두 병만 꺼내서는 충분하지 않은데, 그러면 기껏해야 한 상자의 내용물만 알아낼 수 있을 뿐 나머지 세 상자는 알 수 없기 때문이다.

네 상자에 임의로 왼쪽부터 오른쪽으로 1부터 4까지 번호를 붙인다. 먼저 WWR 라벨이 붙은 2번 상자에서 두 병을 꺼낸다.

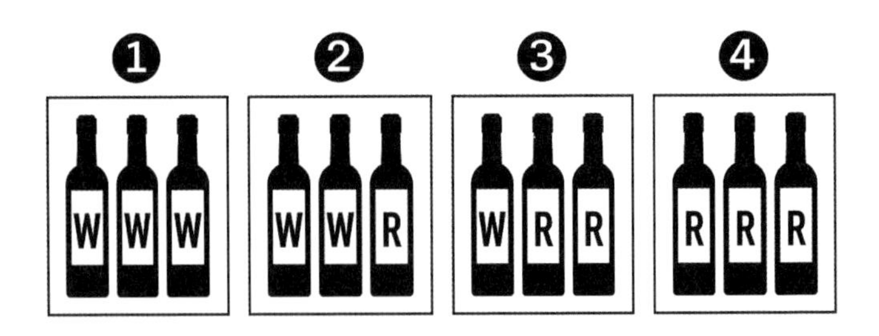

이때 두 병 모두 화이트와인이면, 이 상자에는 화이트와인 세 병이 들었어야 한다(WWW). 화이트와인병 두 개만 있는 건 안 되는데, 이 상자는 WWR 라벨이 붙었고 문제에 따르면 이 라벨은 틀렸기 때문이다.

다음에는 3번 상자에서 한 병을 꺼내고, 그것이 화이트와인이라면, 이 상자의 조합은 WWR이어야 한다. WRR은 안 되는데, 그것은 현재 상자에 붙은 라벨이기 때문이다. 그러면 1번 상자에는 RRR이 들었고, 4번 상자에는 WRR이 들어있다. 다 찾아냈다!

그러나 만에 하나 2번 상자에서 화이트와인 두 병을 꺼내고 그다음 3번 상자에서 레드와인병을 꺼내면, 이 퀴즈를 아직 풀지 못한다. 그러면 3번 상자에 아직 두 가지 경우의 수가 가능하기 때문이다. WWR 혹은 RRR. 그래서 세 병 이상을 꺼내봐야 병의 조합을 확실히 알아낼 수 있다.

세 병을 꺼내보고 알아낼 수 있는 다른 경우가 하나 더 있다. 2번 상자에서 레드와인과 화이트와인을 한 병씩 꺼내면, 이 상자에는 WRR만이 가능하다. 다음에 4번 상자에서 한 병을 꺼내고, 만약 그것이 레드와인이면, 이 상자에는 WWR이 들어있어야 한다. (RRR은 불가능한데, 상자에 그렇게 적혀있고 그것은 틀렸기 때문이다.)

비슷하게, 첫 단계에서 3번 상자에서 두 병을 꺼내고 약간의 행운으로 2

번 혹은 1번 상자에서 세 번째 병을 꺼내도 열두 병 모두를 알아낼 수 있다.

A63 도화선 두 개로 15분 측정하기

먼저 도화선이 두 개일 때 : 한 도화선의 양쪽 끝과 다른 도화선의 한쪽 끝에 동시에 불을 붙인다. 30분 뒤에 1번 도화선은 다 탄다. 이 순간에 2번 도화선의 남아 있는 한쪽 끝에 불을 붙인다.

2번 도화선은 불꽃이 하나면 이 순간부터 정확히 30분을 탈 것이다. 하지만 남아 있던 한쪽 끝에도 불을 붙여 불꽃 두 개가 서로를 향해 타들어 가게 했으므로, 이 도화선이 완전히 다 타는 데 정확히 15분이 걸린다.

이론적으로 도화선 하나만으로도 15분을 측정할 수 있다. 그러나 아주 재빨리 움직여야 한다. 언제나 불꽃 네 개가 동시에 타고 있어야만, 60분을 타는 도화선이 15분 뒤에 다 타기 때문이다.

먼저 도화선의 양쪽 끝과 대략 중간 지점쯤에 동시에 불을 붙인다. 중간 지점의 불꽃은 좌우 양쪽으로 타들어 간다. 도화선 양쪽에 붙인 불꽃이 이 두 불꽃을 향해 타들어 간다.

두 불꽃이 만나 한 구역이 다 타자마자, 즉시 다른 쪽, 아직 다 타지 않은 구역 어딘가에 불을 붙여 계속해서 불꽃 네 개가 타게 만든다. 결국, 도화선의 이 구역이 다 타는 시간이 15분이다.

맞다, 이 해답은 실행하기가 어렵다. 점점 가까워지고 점점 짧아지는 구역에 불을 붙여야 하기 때문이다. 그러나 이론적으로는 타당한 해답이다.

A64 모든 정사각형을 없애라

최소한 아홉 개를 치워야 한다.

1×1 정사각형 16개를 모두 '파괴'하려면, 성냥개비를 최소한 여덟 개 치

워야 한다. 치운 각 성냥개비가 정사각형 두 개의 경계선이기 때문에(바깥 테두리에 있지 않으면), 성냥개비 하나를 치우면 1×1 정사각형 두 개가 '파괴'된다. 여덟 개를 치우면 정사각형 **16개(8×2=16)**가 파괴된다.

그러나 여덟 개로는 부족하다. 4×4 정사각형도 없애야 하기 때문이다. 그러므로 치워야 하는 최소한의 성냥개비 수는 아홉 개다. 문제는 아홉 개를 치워 정말로 모든 정사각형을 없앨 수 있느냐다.

몇 번의 시도로 다음과 같은 해답을 찾아낼 수 있다.

말했듯이 이 퀴즈의 아이디어는 원래 샘 로이드에게서 왔다. 나중에 마틴 가드너Martin Gardner가 과학잡지 『사이언티픽 어메리칸Scientific American』에 연재하던 수학 칼럼에 이 퀴즈를 냈고, 하인리히 헴메Heinrich Hemme는 자신의 책 『101 수학 퀴즈101 mathematische Rätsel』에 실었다.

아나니 레비틴Anany Levitin과 마리아 레비틴Maria Levitin이 쓴 『알고리드믹 퍼즐Algorithmic Puzzles』에서 1×1 정사각형으로 구성된 n×n 정사각형의 일반 사례가 설명된다.

A65 수학 천재가 가장 좋아하는 퀴즈

다음의 전략을 따르면 20일이 걸린다.

매일 밤 계속해서 새로 울타리를 설치하여 사막을 반으로 줄여나간다. 첫 번째 밤에 사막을 반으로 가르는 10킬로미터 길이의 울타리를 설치한다.

다음날 낮에 어느 쪽 절반에 사자가 있는지 확인한다. 그날 밤에 이 구역에 울타리를 설치하여 반으로 나눈다. 다음날에 사자는 한 변의 길이가 처음의 절반으로 줄어든 정사각형 안에 갇힌다.

그다음 아침에 두 사각형 중 어느 쪽에 사자가 있는지 다시 확인하고, 밤에 울타리를 쳐서 다시 반으로 나눈다. 밤에 다시 울타리를 쳐서 나누면, 4일 뒤에는 한 변의 길이가 처음의 1/4로 줄어든 정사각형 안에 사자가 갇힌다. 다음의 그림을 참조하라.

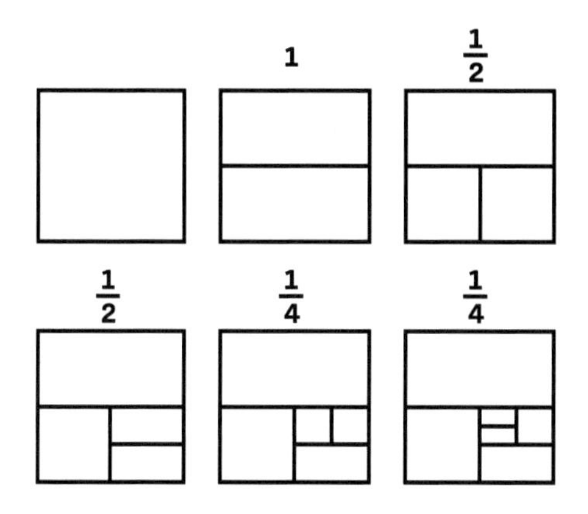

6일 뒤에는 변의 길이가 1/8이 되고, 8일 뒤에는 1/16 그리고 마침내 20일 뒤에 1/1024이 된다.

10킬로미터를 1024로 나누면, 9.76미터이다. 그러므로 끝났다. 사자가 20일 뒤에 있는 정사각형은 이제 요구된 최대 10미터 길이의 정사각형이다.

A66 암호!

acht(8).

암호는, 문지기가 댄 숫자의 철자가 몇 개인지를 대는 것이기 때문이다.

sechzehn(16)의 철자는 8개

acht(8)의 철자는 4개

achtundzwanzig(28)의 철자는 14개

achtzehn(18)의 철자는 8개이다.

67 체스 보드 위의 다섯 퀸

당연히 여러 해답이 있다. 여기에 두 개를 소개한다.

왼쪽의 해답은 놀라운 대칭 구조를 보여 준다.

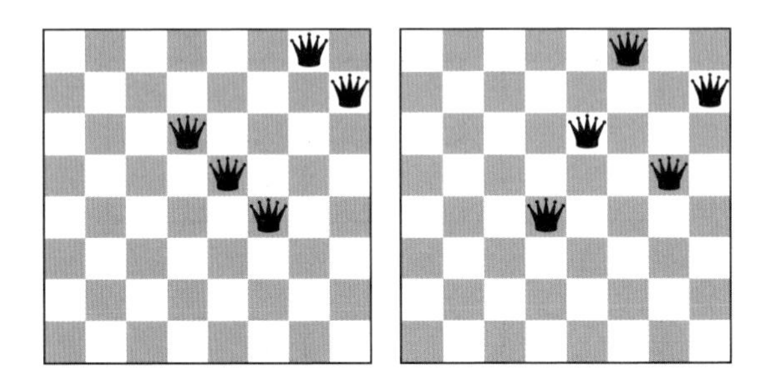

오른쪽 해답 역시 위치 선정에서 어느 정도 질서를 이용한다. 그러나 약간 더 자세히 볼 필요가 있다.

나는 어떻게 이 두 해답을 찾아냈을까?

나는 기본적으로 다섯 퀸이 5×5인 정사각형 필드 안에서 각각 다른 줄에 있게 했다. 이 5×5 정사각형은 체스 보드의 오른쪽 위에 있어야 한다. 그래야 가로와 세로 움직임으로 왼쪽 아래의 3×3 정사각형을 제외한 모든 필드에 도달할 수 있다.

왼쪽 아래의 3×3 정사각형 필드에는 대각선 이동으로 도달할 수 있다. 나는 왼쪽 아래에서 오른쪽 위로 향하는 모든 대각선을 그렸다. 정확히 다섯 개가 나왔다.

이제 다섯 퀸이 각각 한 대각선 위에 있어서 모든 다섯 대각선을 점령하면, 체스 보드의 모든 필드를 위협하게 된다.

아무튼, 독자들이 보내준 다른 조합이 십여 개 더 있다. 아마 총 4860개의 다양한 해답이 가능할 것이다. 직접 컴퓨터프로그램을 만들어 해답을 찾아냈던 독자 세 명의 결과가 그랬다. 그들은 다섯 퀸의 모든 위치를 체계적으로 시뮬레이션하며, 모든 필드가 위협을 받는지 확인했다.

가장 기이한 해답은 아마도 다섯 퀸이 한 줄로 나란히 있는 경우일 터이다. 그럼에도 모든 필드가 위협을 받는다. 물론 일부는 대각선으로 위협을 받는다.

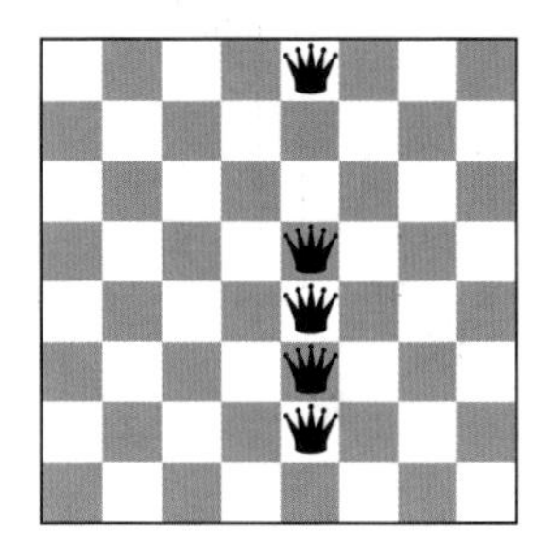

다음의 두 해답 역시 아름답다. 여기서는 퀸 넷이 대각선으로 한 줄에 있다.

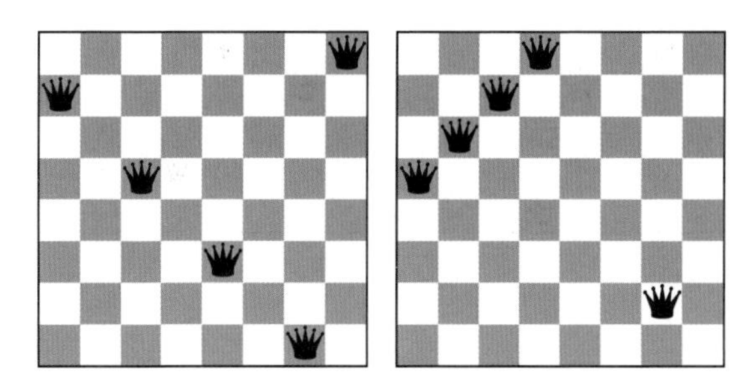

독자들이 보내온 여러 해답에서 네 퀸이 정사각형의 네 꼭짓점을 형성한다. 이 정사각형은 체스 보드를 기준으로 살짝 회전했다. 다음 그림이 그런 해답 중 하나다.

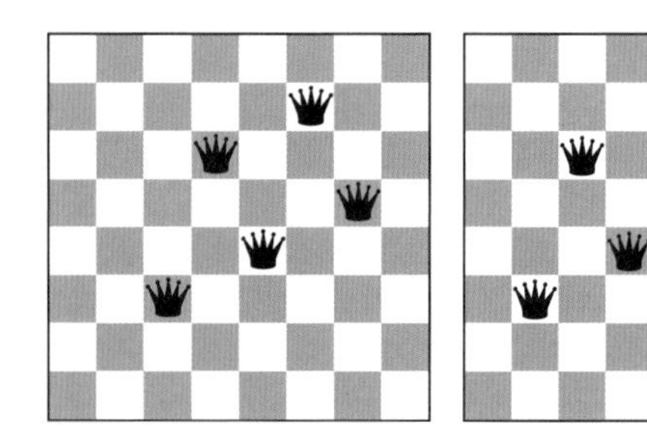

또 다른 두 해답은 놀라운 대칭 구조를 보여 준다.

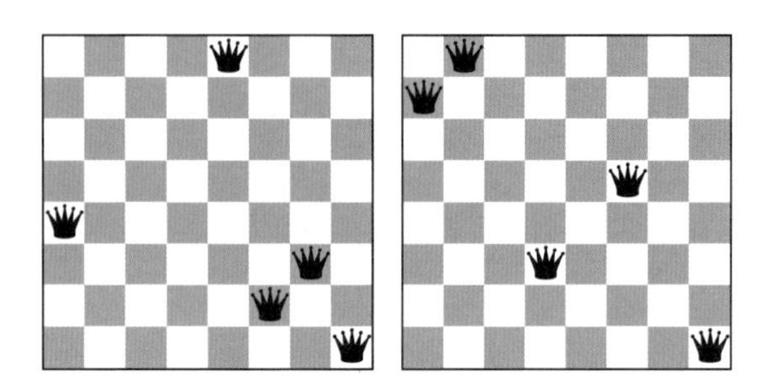

그러나 눈에 띄는 대칭이 없는 해답도 있다.

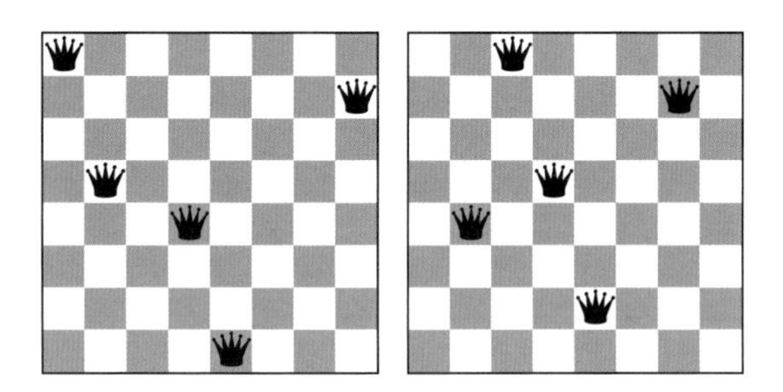

A68 뒤죽박죽 우체국

브라질과 스웨덴으로 총 다섯 통이 발송되었고, 싱가포르로는 세 통이 발송되어, 총 여덟 통이 잘못 발송되었다.

브라질과 스웨덴부터 보자. 각 나라는 적어도 둘, 최대 세 개가 잘못 보내졌다.

적어도 두 개인 것은 아주 쉽게 알아낼 수 있다. 계산서 봉투가 바뀌었다면 단 한 개만 잘못 보내졌을 리가 없기 때문이다. 그러므로 적어도 두 개가 잘못 발송되었다.

이제 최대 세 개를 보자. 넷 혹은 그 이상이 잘못 보내졌다면, 봉투가 바뀌었을 가능성이 여섯 개 이상이고, 모든 편지가 잘못 보내졌을 터이다. 네 개가 잘못 보내졌을 경우 A, B, C, D가 올바른 순서라고 하면, 잘못 보내졌을 경우의 수는 다음과 같다.

B, A, D, C

B, C, D, A

B, D, A, C

C, A, D, B

C, D, A, B

C, D, B, A

D, A, B, C

D, C, A, B

D, C, B, A

벌써 아홉 가지이다. 그러나 문제에서 언급되었듯이 총 여섯 가지만 있어야 한다.

그 결과, 브라질과 스웨덴으로 각각 둘 혹은 세 통이 잘못된 주소로 갔다. 두 통일 경우에는 정확히 한 가지 가능성만 있다. A, B 대신에 B, A. 세 통일 경우에는 두 가지 가능성이 있다. A, B, C 대신에 B, C, A 그리고 C, A, B.

싱가포르로 발송된 편지 역시 네 통 혹은 그 이상일 수 없고(이때도 여섯 가지 이상의 가능성이 있을 것이기 때문이다), 실제로 계산서 하나는 제대로 도착했다. 수신자가 넷일 경우, A, B, C, D 중 한 명은 편지를 받아야 하고, 나머지 세 명은 받지 못해야 한다. 그것을 만족시키는 조합은 여덟 개다. 그것은 너무 많다.

A, C, D, B

A, D, B, C

C, B, D, A

D, B, A, C

B, D, C, A

D, A, C, B

B, C, A, D

C, A, B, D

싱가포르로 가는 편지가 세 통일 경우, 세 가지 가능성이 있다: A, C, B / C, B, A / B, A, C. 두 통이 싱가포르로 보내질 수는 없는데, 한 통은 제대로 도착했으므로 또 다른 한 통 역시 제대로 도착해야 마땅하기 때문이다. 한 통은 이론적으로 가능하다. 그 한 통이 제대로 도착했고 잘못 간 편지는 없다.

조합 가능성은 총 여섯 개여야 한다. 이것은 세 나라 각각에 대한 결과이다. 각 나라의 가능한 조합 요소는 1, 2, 3이다. 합해서 여섯 가지가 되려면, 세 요소 1(두 통일 때), 2(세 통일 때), 3(싱가포르에서 세 통일 때)이 각각 한 번씩 등장해야 한다. 요소 3은 싱가포르에만 가능하므로, 요소 1과 2는 브라질과 스웨덴에서 나와야 한다.

그 결과, 스웨덴과 브라질로는 다섯 통(2+3=5)이 잘못 발송되었고, 싱가포르로는 세 통이다. 그래서 모두 여덟 통이다.

A69 양말 복권

18.2년을 기다려야 한다!

먼저, 양말 열 개를 하나씩 차례대로 세탁기에서 꺼낼 때, 우연히 짝맞춰 분류될 확률을 계산한다.

첫 양말을 꺼낸 뒤, 세탁기 안에는 아직 아홉 개가 있다. 그러나 그중에서 단 하나만 앞서 나온 양말과 색이 일치한다. 정확히 이 양말을 꺼낼 확률 p1은 1/9이다.

1/9의 확률로 양말 두 개를 꺼낸 뒤 같은 색 양말 두 개가 빨랫줄에 걸리고, 세탁기에는 이제 여덟 개가 있다. 세 번째 양말을 꺼내 건다. 세탁기에 남아 있는 일곱 개 중에서 단 하나만 이 세 번째 양말과 같은 색이다. 정확히 이 양말을 꺼낼 확률 p2는 1/7이다.

양말 네 개를 꺼낸 뒤 짝이 맞는 두 켤레가 나란히 빨랫줄에 걸릴 확률은 그러므로 다음과 같다.

$$p_1 \times p_2 = \frac{1}{9} \times \frac{1}{7} = \frac{1}{7 \times 9}$$

이런 경우 우리는 각 확률을 서로 곱하면 되는데, 소위 '조건부 확률'을 계산하는 것이기 때문이다.

다섯 번째 양말을 꺼내 두 켤레 옆에 건다. 여섯 번째 양말이 다섯 번째 양말과 짝이 맞을 확률 p3은 1/5이다. 세탁기에는 이제 다섯 개만 남았기 때문이다.

그러므로 짝이 맞는 양말 세 켤레가 나란히 걸릴 확률은 아래와 같다.

$$p_1 \times p_2 \times p_3 = \frac{1}{9} \times \frac{1}{7} \times \frac{1}{5} = \frac{1}{5 \times 7 \times 9}$$

같은 방식으로 우리는 짝이 맞는 양말 네 켤레가 나란히 걸릴 확률을 계산한다.

$$p_1 \times p_2 \times p_3 \times p_4 = \frac{1}{9} \times \frac{1}{7} \times \frac{1}{5} \times \frac{1}{3} = \frac{1}{3 \times 5 \times 7 \times 9} = \frac{1}{945}$$

이 확률은 열 개 모두가 짝을 찾아 나란히 걸릴 확률과 일치하는데, 이미 여덟 개가 짝을 찾았으므로 세탁기에 남아 있는 두 개는 서로 짝일 수밖에 없기 때문이다.

확률이 1/945이므로, 하랄트는 양말 열 개를 평균 945번 빨아야 한다. 그래야 짝을 맞춰 빨랫줄에 나란히 걸 수 있다. **945÷52=18.2년**이 걸린다.

A70 주사위 행운

대략 15번을 던져야 한다. 당신이 생각했던 것보다 더 많은가? 정확한 값은 아무튼 14.7회이다.

이 문제는 그림카드 수집과 유사하다. 그림카드 수집에서는, 다양한 그림으로 구성된 시리즈 하나를 완전히 다 모으려면 얼마나 많은 카드를 사야 하는지를 계산한다.

고전적 사례가 바로 축구대회 수집카드이다. 2016년 유럽컵의 경우, 수집해야 할 그림카드가 680개였다. 다른 수집가와 교환하지 않을 사람은, 모든 카드를 다 가지려면 평균 약 5000개를 사야 했다.

우리는 주사위를 여섯 가지 모티브로 구성된 그림카드 시리즈로 해석할 수 있다. 주사위를 던지는 것은 한 모티브를 우연히 뽑게 되는 것과 같다. 그리고 우리는 모든 모티브를 적어도 하나씩 갖고자 한다. 평균 몇 회를 던져야 하는지를, 그림카드 수집 공식으로 쉽게 계산할 수 있다.

첫 번째 던질 때는 6/6=1의 확률로, 지금까지 나오지 않은 숫자 하나가 나온다. 그러니까 여섯 숫자 중 하나를 얻기 위해 정확히 한 번만 던지면 된다.

두 번째 덜질 때, 첫 번째 숫자와 일치하지 않는 숫자가 나올 확률 p=5/6이다. 그러므로 평균 1/p=6/5회를 던지면 서로 다른 숫자 두 개를 얻는다.

서로 다른 숫자 두 개가 이미 나왔다면, 다음 던질 때 지금까지 나오지 않은 네 숫자 중에서 하나가 나올 확률 p=4/6이다. 실제로 이 숫자가 나오려면, 평균 1/p=6/4회가 필요하다.

그런 방식으로 계속된다. 네 번째 숫자에는 평균 6/3회가 필요하고, 다섯 번째 숫자에는 6/2, 그리고 마지막 숫자는 6/1회가 필요하다.

이제 이 여섯 횟수를 더하면, 주사위 수 여섯 개를 최소한 한 번씩 얻으려면 평균 몇 회를 던져야 하는지 계산할 수 있다. 그 결과는 다음과 같다.

$$1 + \frac{6}{5} + \frac{6}{4} + \frac{6}{3} + \frac{6}{2} + \frac{6}{1} = 14.7$$

A71 트렌치코트 룰렛

최소한 요원 한 명이 자신의 코트를 입을 확률은 5/8이다.

트렌치코트 네 개가 모두 잘못 배열될 확률 p를 계산하여, 간접적으로 해답을 찾는다. p를 알면 1-p가 바로 우리가 찾는 해답이다.

4!=4×3×2×1=24. 네 요원에게 코트 네 벌이 배정되는 경우의 수는 24이다. 코트 네 벌이 모두 잘못 배정되는 조합은 이 24개 중 어떤 것일까?

비밀요원 네 명을 A1, A2, A3, A4로, **트렌치코트는 M1, M2, M3, M4**로 표시하자. A1이 다른 요원의 코트를 입는다면, 그것은 M2, M3, M4일 수밖에 없다. 이 경우들을 더 자세히 살펴보자.

A1이 M2를 입는다.

그러면 세 가지 가능성이 있다.

A2-M1, A3-M4, A4-M3

A2-M3, A3-M4, A4-M1

A2-M4, A3-M1, A4-M3

A1이 M3를 입는다.

역시 세 가지 가능성이 있다.

A2-M1, A3-M4, A4-M2

A2-M4, A3-M1, A4-M2

A2-M4, A3-M2, A4-M1

A1이 M4를 입는다.

마찬가지로 세 가지 가능성이 있다.

A2-M1, A3-M2, A4-M3

A2-M3, A3-M1, A4-M2

A2-M3, A3-M2, A4-M1

그러므로 네 요원 모두가 다른 요원의 코트를 입을 경우의 수는 총 9가지이다(**3×3=9**).

$$p = \frac{9}{24} = \frac{3}{8}$$

$$p - 1 = 1 - \frac{3}{8} = \frac{5}{8}$$

A72 주사위 대결

게임은 공평하다. 주사위 한 개에서 짝수(2, 4, 6)가 나올 확률은 홀수(1, 3, 5)가 나올 확률과 똑같다.

짝수와 홀수에만 주의를 기울이면, 주사위 두 개를 던질 때 네 가지 경우가 나올 수 있다. 이때 짝수 하나와 홀수 하나가 나오면, 두 수의 합이 정확히 홀수라는 것을 고려해야 한다.

주사위 1	주사위 2	합
짝수	짝수	짝수
홀수	짝수	홀수
짝수	홀수	홀수
홀수	홀수	짝수

짝수-짝수, 홀수-홀수, 홀수-짝수 그리고 짝수-홀수, 네 결과는 모두 같은 확률로 나온다. 그러므로 짝수와 홀수의 합 역시 확률이 같다.

A73 새 기차역은 몇 개인가?

정확히 두 개다. 철도망은 원래 여덟 개 역으로 구성되었고, 확장 후 열 개가 되었다.

이렇게 저렇게 시도하다 보면 틀림없이 해답을 찾아낼 수 있다. 그러나 그러면 상황에 따라, 문제가 암시하는 것처럼, 해답이 정말 하나뿐인지 확실하지가 않다.

나는 이 문제를 다음과 같이 해결했다.

원래 **기차역 수를 n**으로 정한다. **확장으로 새로 추가된 역의 개수는 k**이다. 확장 이전에는 n개 역에서 (n-1)개 역으로 가는 기차표가 n×(n-1)개 있었다.

k개를 확장한 후 필요한 기차표는 (n+k)×(n+k-1)개이다.

(n+k)×(n+k-1)과 n×(n-1)의 차이는 정확히 34이다.

$$34=n^2+2nk+k^2-n-k-1-(n^2-n)$$

$$34=k^2+2nk-k$$

오른쪽 항을 k로 묶으면

$$34=k(k+2n-1)$$

n과 k 모두 자연수이므로 k와 (k+2n-1)은 34의 약수여야 한다. 34의 인수는 정확히 네 개다. 1, 2, 17, 34

이제 그냥 이 네 인수를 k에 대입해보면서 정말로 n에 대한 답이 하나만 있는지 확인한다.

k=1, n=17

k=2, n=8

k가 17 혹은 34일 경우에는 n에 맞는 양의 정수가 없다.

그러므로 우리는 해답 두 개를 찾아냈다. 그러나 k=1일 경우는 제외해야 하는데, 그렇다면 단 한 역만 확장했다는 뜻인데, 질문에서는 "새로운 기차역**들**이 추가되었다"라고 했다. 기차역**들**! 그러므로 철도망에는 원래 역이 여덟 개 있었고, 추가로 두 개가 새로 생겼다.

A74 일곱 난쟁이, 일곱 침대

확률은 5/12, 그러니까 약 42퍼센트이다.

가장 작은 난쟁이가 가장 큰 난쟁이의 침대에 누울 확률은 1/6이다. 그러면 가장 큰 난쟁이는 절대 자기 침대에서 잘 수 없다.

가장 작은 난쟁이는 5/6의 확률로 다른 다섯 난쟁이의 침대 중 하나에 누울 수 있다. 이 경우 가장 작은 난쟁이의 침대와 가장 큰 난쟁이의 침대는 처음에 둘 다 비어 있다.

가장 큰 난쟁이가 자기 침대에서 자느냐 마느냐는, 이 두 침대 중 어떤 것이 먼저 채워지느냐에 달려있다. 그리고 이 침대는 자기 침대를 이미 다른 난쟁이에게 빼앗긴 난쟁이에 의해 채워진다.

침대를 찾는 이 난쟁이가 우연히 가장 작은 난쟁이의 침대를 선택하면, 그 뒤의 난쟁이들은 가장 큰 난쟁이를 포함하여 모두가 자기 침대에 누울 수 있다.

자기 침대를 빼앗긴 이 난쟁이가 가장 큰 난쟁이의 침대를 고르면, 가장 큰 난쟁이는 자기 침대에서 잘 수 없다.

자기 침대를 빼앗긴 이 난쟁이가 가장 작은 난쟁이의 침대도 가장 큰 난쟁이의 침대도 선택하지 않으면, 자기 침대를 빼앗긴 또 다른 난쟁이가 계속 침대를 선택하게 된다.

어떤 경우든, 가장 큰 난쟁이가 자기 침대에 누우려면, 가장 작은 난쟁이의 침대 혹은 가장 큰 난쟁이의 침대(자기 침대!)가 아직 비어 있어야 한다. 난쟁이들이 만약 자기 침대에 이미 누군가 누웠으면 항상 무작위로 비어 있는 침대를 선택하기 때문에, 두 경우의 확률은 똑같이 각각 1/2이다.

그러므로 가장 큰 난쟁이가 자기 침대에서 잘 확률은 **1/2×5/6=5/12**이다.

참고 이 문제는 항공권 없이 비행기에 오르는 93번 문제와 비슷하다(93쪽 참고). 결정적인 차이는, 승객이 무작위로 선택된 좌석에 앉고, 그것이 또한 원래 자기 자리일 수도 있다는 점이다. 반면 난쟁이는 절대 자기 침대일 수 없는 침대를 무작위로 고른다.

A75 찌그러진 동전

동전을 단 한 번이 아니라 두 번을 연속해서 던진 후 결과를 본다는 데, 묘수가 있다. 주장은 먼저, 그림-숫자 순서 아니면 반대로 숫자-그림 순서에 걸지 결정한다.

연달아 던진 결과가 서로 독립되어 있으므로, 그림-숫자와 숫자-그림이 나올 확률은 똑같다. 그러므로 여기서는 우연한 공정한 결정이 가능하다. 두 주장 각각에게 50퍼센트 확률로 공평하다.

그러나 동전 던지기가 약간 길어질 수 있다. 동전을 던졌을 때 두 번 모두 같은 면이 나오면, 그러니까 그림-그림 혹은 숫자-숫자가 나오면 결정이 나지 않아 두 번씩 더 던져야 하기 때문이다. 극단적인 경우, 또 던져야 할 수도 있다. 그러므로 이기는 동전 면이 나올 확률이 너무 낮아서는 안 된다. 운이 나쁘면 결판이 날 때까지 아주 오래 기다려야 할 수도 있다.

독자들이 내게 두 가지 해답을 더 제안해주었다. 그것은 한 번만 던지거나 심지어 전혀 던지지 않는 방법이었다. 심판은 동전을 한 손에 쥐고 등 뒤에 숨긴 뒤 주장들에게 주먹을 쥔 채로 양손을 내민다. 동전을 쥔 손을 선택한 주장이 이긴다.

혹은 심판이 동전을 공중에 던졌다가 양손으로 받은 뒤 양손을 나란히 뻗은 후, 위에 덮은 손을 치운다. 이때 심판은 두 주장 한가운데에 서야 한다. 동전이 가리키는 방향이 승자를 알려준다. 방향은, 숫자나 그림의 밑 가장자리든, 위 가장자리가 향한 곳이든 정하기 나름이다.

A76 비디오 판독

그럴 수 있다.

다음의 세 가지 경우를 보자. 이것은 우리가 찾는 조건을 충족한다. (루트비히, 마리에, 오펠리아를 L, M, O로 줄였다.)

LMO

MOL

OLM

즉,

L은 M보다 두 번 앞섰고, 한 번 뒤처졌다.

M은 O보다 두 번 앞섰고, 한 번 뒤처졌다.

O는 L보다 두 번 앞섰고, 한 번 뒤처졌다.

이 세 결과가 각각 열 번씩 30일 동안 나왔으면, 그것이 우리가 찾는 조합이다.

또한, 다음의 여섯 결과 전체가 각각 네 번씩 나오는 것도 가능하다.

LMO LOM

MOL MLO

OLM OML

그러면 24일 동안(**4×6=24**) 두 사람의 모든 순위 빈도수가 똑같다. 그렇다면 남은 6일 동안, 위에 제시한 세 경우(**LMO / MOL / OLM**)가 각각 두 번씩 나오면, 역시 문제의 조건을 충족한다.

A77 조합론 협회는 새로운 회장을 어떻게 뽑을까?

여섯 번이 필요하다.

후보자 스무 명에게 번호를 배정하면, 예를 들어 다음의 분배가 요구된 조건을 충족한다.

1, 2, 3, 4, 5, 6, 7, 8, 9, 10

11, 12, 13, 14, 15, 16, 17, 18, 19, 20

1, 2, 3, 4, 5, 11, 12, 13, 14, 15

6, 7, 8, 9, 10, 16, 17, 18, 19, 20

1, 2, 3, 4, 5, 16, 17, 18, 19, 20

6, 7, 8, 9, 10, 11, 12, 13, 14, 15

다음의 분배로도 가능하다.

1, 2, 3, 4, 5, 6, 7, 8, 9, 10

11, 12, 13, 14, 15, 16, 17, 18, 19, 20

1, 3, 5, 7, 9, 11, 13, 15, 17, 19

2, 4, 6, 8, 10, 12, 14, 16, 18, 20

1, 3, 5, 7, 9, 12, 14, 16, 18, 20

2, 4, 6, 8, 10, 11, 13, 15, 17, 19

숨은 원리는, **스무 명을 다섯 명씩 네 그룹으로 나누는 것**이다. 그런 다음 이 네 그룹이 각각 대결하게 한다.

여섯 번 이하로 줄일 수 없는 이유는 뭘까? 이것은 비교적 쉽게 증명된다. 각 후보자는 적어도 세 번을 토론해야 한다. 그러니까 적어도 세 번을 무대에 올라야 한다. 두 번 대결에서 한 후보자는 다른 후보 **18명(2×9=18)**과 무대에 오른다. 그러나 다른 후보자는 19명이다. 그러므로 세 번째 대결이 불가피하다.

그러나 이제 '적어도 세 번'이라는 말이 스무 명 각각에게 적용된다. 사람 수와 무대 등장을 곱하면, 우리는 **20×3=60**을 얻는다. 토론마다 항상 열 명만 무대에 오르므로, 60을 채우려면 적어도 총 여섯 번이 필요하다 **(6×10=60)**. 이것으로 여섯 번 이하로는 부족하다는 것이 증명되었다.

위의 두 예시는, 후보자토론이 실제로 단 여섯 번으로 성공함을 보여준다. 그러므로 여섯 번이 최소한의 대결 횟수이다.

A78 댄스동호회의 나이 점검

열네 쌍이다.

첫 번째 목록에서 시작하자. 마이어 부부와 카이저 부부 앞에, 남편이 연하인 부부가 정확히 여섯 쌍이 있다. 그들은 아래 그래프에서 주황색으로 표시되었다. 아내의 나이에 따라 오름차순으로 배열한 두 번째 목록에서, (남편 나이 목록의) 이 여섯 쌍은 첫 여섯 쌍에 아무도 속할 수 없다. 만약 그렇다면 남편과 아내의 나이 합이 마이어 부부보다 젊다는 얘기가 되고 마이어 부부는 세 번째 목록에서 맨 위에 있을 수 없기 때문이다.

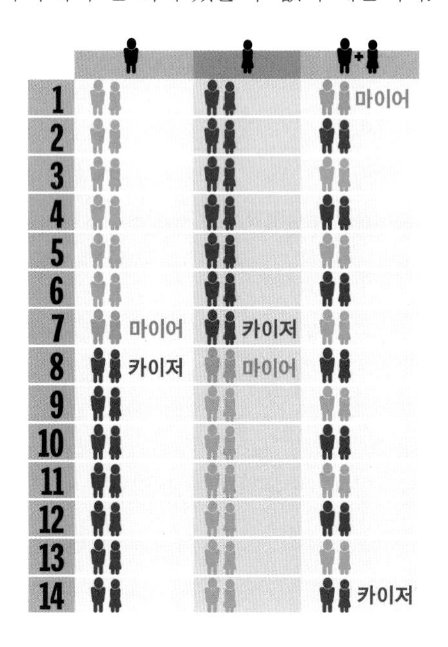

그러므로 남편 목록에서 상위에 있는 주황색 부부는 아내 목록에서 어쩔 수 없이 마이어 부부와 카이저 부부 뒤에 있어야 한다. 그러니까 하위 8위에 있어야 한다. 그 결과 아내 목록의 1위에서 6위에는 다른 여섯 쌍이 있다. 그래프에서는 파란색으로 표시했다.

이 파란색 부부들은 첫 번째 목록에서 오로지 하위 8위에만 있을 수 있다. 그렇지 않으면 적어도 한 쌍은 세 번째 목록에서 마이어 부부 앞에 있어야 하기 때문이다.

그러므로 우리는 벌써 이 동호회에 적어도 14쌍이 회원으로 있음을 안다. 그러나 정확히 몇 쌍일까? 15쌍일 수도 있을까?

15번째 부부가 있다고 가정해보자. 이 부부의 남편은 남편 목록에서 마이어 부부와 카이저 부부 앞에 있어선 안 된다, 만약 앞에 있다면 마이어 부부와 카이저 부부는 7위와 8위에서 밀려나게 된다.

이것은 15번째 부부의 아내에게도 똑같이 적용된다. 그녀는 두 번째 목록에서 8위 뒤에 있어야 한다. 그래야 카이저 부부와 마이어 부부가 7위와 8위에 머물 수 있다.

그러므로 열다섯 번째 부부는 남편도 아내도 마이어와 카이저보다 나이가 많을 것이다. 그러므로 열다섯 번째 부부는 나이의 합 순위(세 번째 목록)에서 카이저 부부 뒤에 있게 된다. 그러나 그것은 불가능하다. 카이저 부부가 그 목록에서 맨 아래에 있기 때문이다.

그러므로 열다섯 번째 부부는 있을 수 없다. 정답은 열네 쌍이다.

여기서 설명한 조합이 과연 실제로 가능한지 의심스럽다면, 다음의 예시에서 확인해 볼 수 있다. 주황색 부부의 경우, 남편이 20세, 아내가 25세. 파란색 부부의 경우 아내가 20세, 남편이 25세이다. 미스터 마이어는 21세이고 그의 아내는 23세이다. 미즈 카이저는 22세이고 그녀의 남편은 24세이다.

그러면 미스터 마이어와 미즈 카이저는 각각 목록에서 7위, 그들의 배우자는 8위에 오른다. 세 번째 목록에서 마이어 부부가 1위라면(**21+23=44**), 나이의 합이 **20+25=45**인 열두 쌍이 뒤를 잇는다. 그리고 카이저 부부가

22+24=46으로 맨 아래에 있다.

A79 학교는 언제 끝났을까?

40분 일찍 끝났다.

두 아이가 마중을 나왔기 때문에, 메를레의 아버지는 학교까지 가지 않고 도중에 차를 돌려 왔다. 세 사람은 20분 일찍 집에 도착했으므로, 왕복에서 각각 10분씩 단축했어야 한다.

율레스와 메를레가 자동차에 타는 순간, 평소 마지막 수업이 끝나는 시간에 정확히 도착하려면 메를레의 아버지는 아직 10분을 더 갔어야만 했다. 두 아이는 이 시각에 벌써 30분을 걸어왔다.

그러므로 수업은 **10+30=40분** 일찍 끝났다.

A80 거울아, 거울아, 벽에 걸린 작은 거울아

거울은 왕관을 합친 여왕 키의 절반 길이여야 한다. 해답을 찾고 또한 추가 질문에 대답하는 데, 다음의 간단한 그림이 도움이 된다.

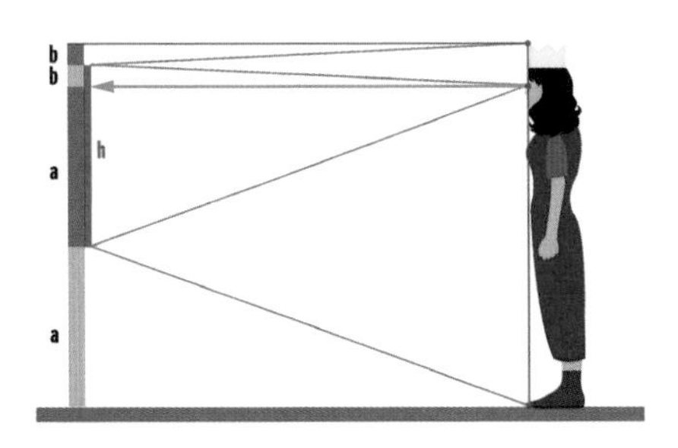

붉은색 수직선이 거울이다.

여왕이 자신의 신발을 거울에서 볼 수 있으려면, 신발에서 출발하여 거울에 반사되는 빛이 여왕의 눈과 만나야 한다. 평면거울이므로 빛의 입사각과 반사각이 같다.

그러므로 신발의 밑점, 거울의 밑점, 여왕의 눈이 이등변삼각형을 형성한다. (우리는 여기서 간단히 하기 위해, 신발 끝과 눈이 정확히 같은 직선 위에 있다고 가정한다.)

그러므로 바닥에서 거울 아랫면까지의 높이 a는 신발에서 눈까지 높이의 절반이다.

여왕이 왕관 끝을 볼 수 있으려면, 거울 윗면이 눈보다 더 높이 있어야 한다. 이 간격 b는 눈과 왕관 꼭대기 사이 간격의 절반과 정확히 일치한다.

a와 b를 더하면, 거울의 길이(h)를 알 수 있다. 거울은 최소한 신발과 왕관을 포함한 여왕 키의 절반이어야 한다.

거울은 바닥에서 a+h 떨어진 높이에 걸려있어야 한다.

한편, 여왕과 거울의 간격은 거울의 최소 길이에 영향을 미치지 않는다. 또한, 거울이 바닥에서 얼마나 떨어져 있느냐에도 영향을 미치지 않는다. 여왕이 거울 앞에 얼마나 가까이 섰느냐와 상관없이, 이등변삼각형의 꼭짓점은 언제나 같은 자리에 머물기 때문이다.

A81 섬 관광

바람이 한 번은 앞에서 불고 다른 한 번은 뒤에서 불면, 총 비행시간은 늘어난다. 이 사실이 매우 의아하게 들릴 것이다. 직관적으로 생각하기에, 시간 손실과 이득이 똑같을 것 같기 때문이다. 그러나 다음의 계산에서 드러나듯이 그렇지가 않다.

계산하기 쉽게, **구간 길이가 1**이고, **비행속도가 a**, **바람의 속도가 x**라고 가정하자.

바람이 없을 때 비행시간을 공식으로 표현하면 다음과 같다.

$$\text{시간} = \frac{\text{항로 길이}}{\text{속도}}$$

왕복이므로 :

$$\text{시간(무풍)} = \frac{1}{a} + \frac{1}{a}$$

바람이 불 경우, 갈 때 속도는 줄어든다. a-x. 반면, 돌아올 때 속도는 증가한다. a+x. 그러므로 총 비행시간은:

$$\text{시간(바람)} = \frac{1}{a-x} + \frac{1}{a+x}$$

두 등식에 각각 **a(a-x)(a+x)=k**를 곱하면 다음과 같다:

$$k \times \text{시간(무풍)} = (a-x)(a+x) + (a-x)(a+x)$$

$$= 2a^2 - 2x^2$$

$$k \times \text{시간(바람)} = a(a+x) + a(a-x)$$

$$= 2a^2$$

그러므로

$k \times \text{시간(무풍)} < k \times \text{시간(바람)}$ 또는

$\text{시간(무풍)} < \text{시간(바람)}$

이렇게 바람은 총 비행시간을 늘린다.

A82 등산

여자는 아홉 시간 동안 36킬로미터를 걸었다.

오르막에서 시속 3킬로미터로 걷는다. 내리막에서는 시속 6킬로미터로 걷는다. 각 구간을 양방향으로 걷기 때문에, 우리는 이 구간의 평균속도를 계산할 수 있다.

만약 오르막을 걸은 시간이 t이고 내리막을 걸은 시간이 t/2라면(내리막을 두 배로 빨리 걸으므로), t+t/2 시간 동안 걸은 길은

t×3km/h+t/2×6km/h 이다.

그러면 평균속도는 공식(**속도=거리÷시간**)에 따라 다음과 같다.

$$v = 6t\ km/h \div \frac{3t}{2} = 4\ km/h$$

평평한 구간 역시 시속 4킬로미터로 걸었다. 결과적으로 모든 구간을 평균 시속 4킬로미터로 걸었다. 아홉 시간을 걸었으므로, **36킬로미터 (4×9=36)**를 걸었다.

A83 정확한 타이밍

우리는 아주 특별한 **'거리 - 속도' 그래프**를 그린다. x축은 30킬로미터에서 시작하여 120킬로미터에서 끝난다. y축에는, x축 각 지점의 최근 30킬로미터의 평균속도를 표시한다.

우리가 y 값을 계산할 수 있는 첫 수치는 30킬로미터 지점이다. 거기서 y는 0에서 30킬로미터 지점까지의 평균속도이다.

그래프의 마지막 수치는 120킬로미터, 그러니까 목적지의 평균속도이다. 그것은 마지막 30킬로미터로, 90킬로미터 지점부터 120킬로미터 지점까지의 평균속도와 일치한다.

이제 결정적인 지점이다. 그래프에 그려진 각각의 최근 30킬로미터의 평균속도는 연속함수이다. 다시 말해, 그래프에서 절대 위 혹은 아래로 수직 상승 혹은 하강하지 않는 선이다.

이런 함수의 진행에서 세 경우가 가능하다.

- 30에서 120까지의 모든 x에 대한 y 값이 시속 30킬로미터를 넘는다.

- 30에서 120까지의 모든 x에 대한 y 값이 시속 30킬로미터 미만이다.

- 일부는 시속 30킬로미터 미만이고 일부는 시속 30킬로미터를 넘는다.

첫 두 경우는 불가능한데, 그러면 사이클선수는 120킬로미터를 달리는데 네 시간 넘게 혹은 네 시간 미만이 필요했을 터이기 때문이다.

그러므로 세 번째 경우만 남는다. 각각의 최근 30킬로미터의 평균속도 함수가 시속 30킬로미터를 넘기도 하고 못 미치기도 한다면, 이 함수는 적어도 한 구간에서 정확히 시속 30킬로미터여야 한다.

이 구간은 마지막 30킬로미터의 평균속도가 시속 30킬로미터를 넘는 구간과 넘지 못하는 구간 사이 어딘가에 있다. 시속 30킬로미터를 넘는 지점과 시속 30킬로미터에 미치지 못하는 지점을 연결하는 선은 어쩔 수 없이 시속 30킬로미터 선과 교차한다.

A84 내비게이션의 조화

운행을 역방향으로 살펴보자. 마지막 1킬로미터를 자동차는 시속 1킬로미터로 아주 느리게 달린다. 이 구간을 가는 데 한 시간이 걸린다. 그 앞 구간, 그러니까 목적지에서 2킬로미터 떨어진 곳부터는 시속 2킬로미터로 달리고, 이 구간에는 1/2시간이 걸린다. 그 앞 구간, 그러니까 목적지에서 3킬로미터 떨어진 곳에서는 시속 3킬로미터로 달리고, 운행시간은 1/3시간이다. 그 앞 구간은 1/4시간이 걸린다. 그렇게 계속 거슬러 가면 목적지까지 100킬로미터가 남은 구간은 시속 100킬로미터로 달리고, 1/100시간이 걸린다.

운행시간을 분수 100개의 합으로 표시할 수 있다.

$$\text{운행시간} = 1 + \frac{1}{2} + \frac{1}{3} + \cdots + \frac{1}{99} + \frac{1}{100}$$

1, 1/2, 1/3, 1/4로 이어지는 수를 수학자들은 '**조화수열**'이라고 부른다. 위의 운행시간 계산에서처럼 이 수를 합하면, 이른바 '조화급수의 부분합'을 얻는다.

아무튼, 이 합을 쉽게 계산하는 일반 공식은 없다. 엑셀에 능숙한 사람은 쉽게 결과를 계산할 수 있다. 5.19시간. 약 5시간 11분.

그러나 조화급수의 부분합을 구하는 데 어쨌든 도움이 되는 공식이 하나 있다. 100의 자연로그와 오일러 상수라 불리는 0.57721을 더하는 것이다.

이 공식으로 계산하면 5.18시간이 나오고, 그것은 실제 정답에 매우 가깝다.

A85 동물의 달리기 시합

280미터를 앞선다.

기린이 1000미터에 있을 때, 코끼리는 800미터에 있다. 그러므로 코끼리는 기린 속도의 0.8배로 달린다. 기린은 말 속도의 0.9배로 달린다.

이 두 결과에서 알 수 있듯이, 코끼리는 말 속도의 0.72배로 달린다 **(0.8×0.9=0.72)**. 그러므로 말이 목적지(1000미터)에 도달했을 때 코끼리는 720미터에 있다. 그러므로 말은 코끼리보다 280미터 앞선다.

A86 구리 혹은 알루미늄?

두 공을 동시에 경사면에 올리고 아래로 굴린다. 더 빨리 굴러 내려가는 공이 알루미늄 공이다.

구리는 알루미늄보다 밀도가 높다. 그러므로 구리 공은 알루미늄 공보다 표면 두께가 더 얇다. 두 공은 비록 같은 무게지만, 질량 분포가 다르다. 구리 공의 표면은 알루미늄 공보다 평균적으로 공의 중심점에서 더 멀리 떨어져 있다. 그러므로 구리 공의 관성모멘트 역시 더 크다. 회전속도가 똑같다고 가정할 때, 알루미늄 공보다 더 많은 힘을 들여야 구리 공을 굴릴 수 있다. 두 공을 똑같이 굴리면, 알루미늄 공이 더 빨리 구른다.

피겨스케이팅의 피루엣 회전[3]이 이 효과를 명확히 보여준다. 피겨스케이팅선수는 회전할 때 자신의 체중을 바꿀 수는 없지만, 질량 분포는 바꿀 수 있다. 팔과 다리를 회전축 가까이에 둘수록, 더 빨리 회전할 수 있다.

A87 성실한 양치기 개

241.42미터이다.

양치기 개 알렉소와 양 떼가 지나가는 길과 시간을 보여주는 '길-시간' 그래프를 그린다. 맨 앞의 양이 100 지점에서 출발하고, 알렉소는 0에서 출발한다. 알렉소는 출발점에서 x만큼 떨어진 곳에서 t1 시각에 맨 앞의 양에 도달했다가 다시 맨 끝으로 돌아온다.

t2 시각에 알렉소는 100미터 지점에 도달한다. 이것은 정확히 맨 앞의 양이 200미터에 도달한 순간이다.

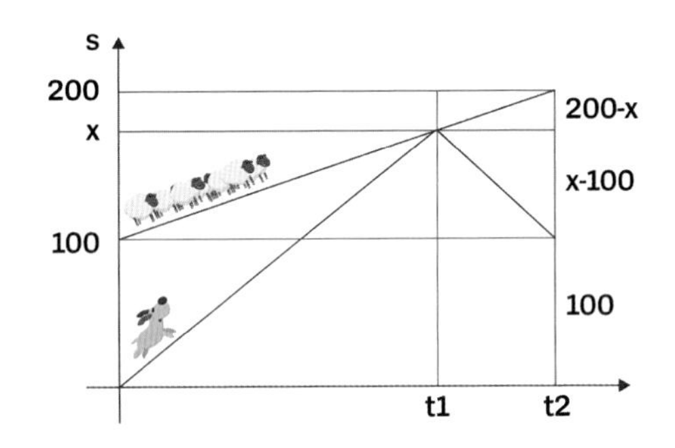

양 떼의 속도를 VS, 알렉소의 속도를 VD로 표시한다. 그러면 다음의 등식이 된다.

$$x = 100 + V_S \times t1 = V_D \times t1$$

그러므로

3. 피루엣 회전(pirouette) : 한쪽 발로 균형을 잡거나 점프를 하여 공중에 있을 때 한 바퀴도는 것.

$$\frac{v_D}{v_S} = \frac{x}{x - 100}$$

이제 알렉소가 선두에 있는 양에게 갔다가 맨 뒤로 돌아온 후의 움직임을 보자. 그러면 다음 등식이 성립한다.

$$v_S = \frac{200 - x}{t_2 - t_1}$$

$$v_D = \frac{x - 100}{t_2 - t_1}$$

$$\frac{v_D}{v_S} = \frac{x - 100}{200 - x}$$

VD/VS에 대한 두 결과를 이제 방정식으로 만들어 x를 계산할 수 있다.

$$\frac{x}{x - 100} = \frac{x - 100}{200 - x}$$

$$(x - 100)^2 = x \times (200 - x)$$

이것은 이차방정식이고, 답은 양수뿐이다.

$$x = 100 + \sqrt{5000} = 170.71 \text{ Meter}$$

알렉소가 움직인 총 거리는 **x+x-100**이므로,

170.71+170.71-100=241.42

그러므로 알렉소가 움직인 총 거리는 241.42미터이다.

A88 해가 동쪽으로 지는 곳

동쪽으로 지는 해를 보고 싶다면, 해가 지구 자전의 결과로 저절로 하늘로 솟는 속도보다 더 빨리 해에서 멀어져야 한다. 아무튼, 우주선은 그렇게 할 수 있다. 그러나 비행기 안에서도 가능하다.

우리의 관점에서 보면, 태양은 약 4만 킬로미터 길이의 적도를 따라 24시

간에 4만 킬로미터를 움직인다(=1670km/h). 그러므로 시속 1670킬로미터보다 더 빠르게 서쪽으로 이동하는 비행기는 태양에서 점점 멀어지고, 태양은 어쩔 수 없이 동쪽 지평선 너머로 사라진다.

일반 여객기로는 당연히 그런 속도를 낼 수 없다. 일반 여객기는 약 시속 1000킬로미터 속도를 낼 수 있다.

콩코드(2160km/h) 같은 초음속 제트기 혹은 10킬로미터 상공에서 시속 2400킬로미터를 내는 토네이도 전투폭격기가 필요할 것이다.

적도에서 떨어져 있는 곳에서는 더 낮은 속도로도 가능하다. 이곳에서는 해가 더 짧은 거리를 24시간 동안 이동(?)하면 되기 때문이다. 예를 들어 베를린 위도에서는 적도와 평행한 지구 한 바퀴는 약 25000킬로미터이다. 그렇더라도 제트기는 여전히 시속 1040킬로미터보다 더 빨리 비행해야 한다.

다른 방법도 있는데, 이 방법도 역시 비행기가 필요하다. 비행기가 일출 직후에 서쪽으로 활주로를 향해 아주 빠르게 하강하면, 이론상으로는 해가 동쪽으로 질 수 있으리라.

A89 완벽히 균형 잡힌 회전목마

만약 1명 혹은 23명이 타면, 균형 잡기는 불가능하다. 그 외 모든 수(최대 24명)에서는 완벽히 균형 잡힌 상태로 회전목마를 탈 수 있다.

1명이 불가능하다는 것은 굳이 설명할 필요가 없으리라. 그리고 23명일 때도 당연히 안 되는데, 그러면 단 한 자리가 비어 있기 때문이다.

일반화하여 보자. n명이 균형을 이루는 분포가 존재한다면, 24-n명도 균형을 이룰 수 있다. 만석인(그래서 균형이 잡힌) 회전목마에서 n명을 내리게 하되, n명이 균형을 이루는 바로 그 자리에서 내리게 하면 된다.

또한, 서로 다른 두 분포가 스물네 좌석에서 균형을 이루는 경우, 두 분포의 중복도 균형을 이룬다. 당연히 두 명이 한 좌석에 앉지 않는다는 조건에서다.

이제 이 모든 것을 이용하여, 2명에서 22명까지 모든 분포가 가능함을 증명하자. 그것이 정확히 어떻게 작동하는지를 다음의 그림이 보여준다.

승객이 짝수이면 쉽게 일반적인 해결책을 찾을 수 있다. 언제나 두 명씩 짝을 찍어 정확히 마주 보고 회전목마에 앉는다. 이런 분포는 균형을 이루고, 그래서 두 쌍의 중복, 그러니까 4명도 가능하다.

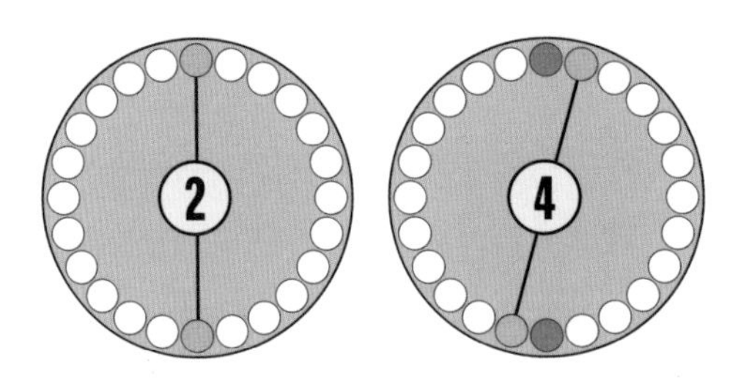

6, 8, 10, 12명으로 쌍을 늘려가는 방식으로 균형을 이룰 수 있다. 승객 수가 짝수이고 25보다 작은 한, 더 많아도 된다.

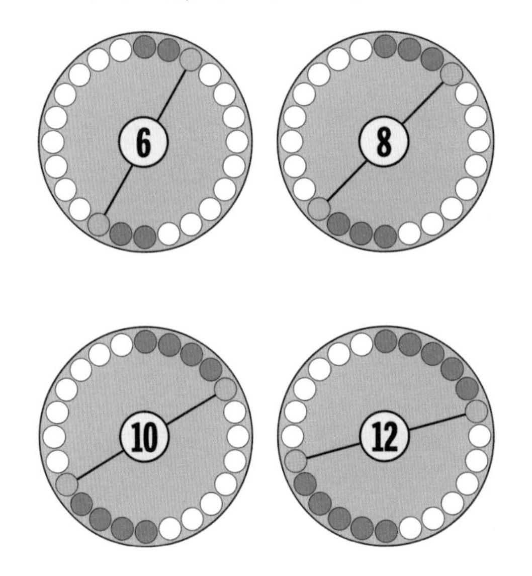

홀수일 경우는 약간 더 어렵다. 세 명이 정삼각형을 형성하는 방식으로 이 문제를 해결할 수 있다. 5명이면 삼각형 형성에 추가로 두 사람이 정면으로 마주 보고 앉으면 된다.

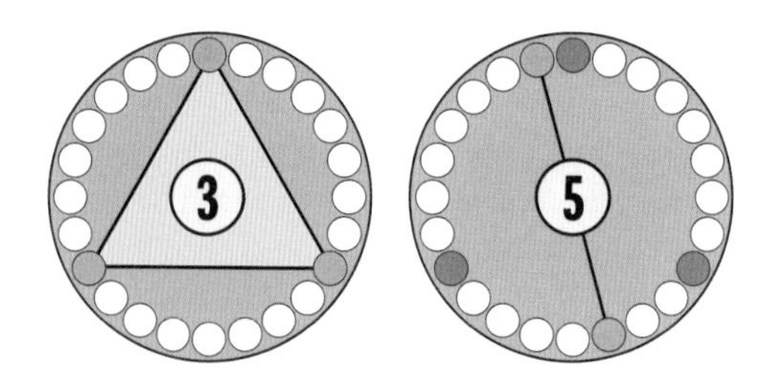

7명이 균형을 이루려면, 5명에 두 명이 더 정면으로 마주 보고 앉으면 된다. 9명일 경우 세 명씩 삼각형을 세 개 만들면 된다. 이 세 삼각형은 아래 그림처럼 각각 한 자리씩 옆으로 이동하며 만들어진다.

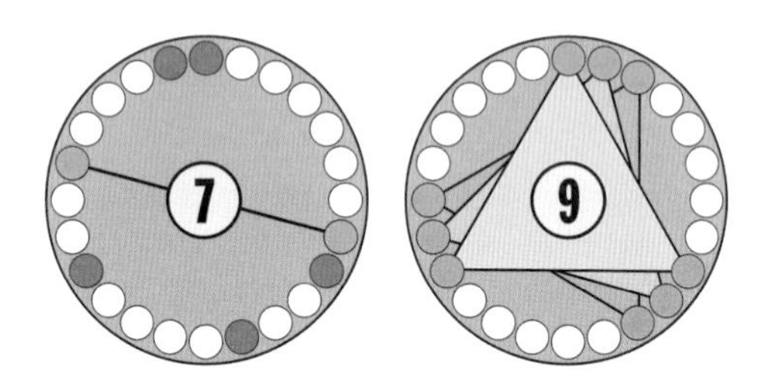

다시 정면으로 마주 보고 앉는 두 사람을 추가하면 11명이 균형을 이룬다. 13명인 경우도 똑같이 하면 된다. 아래 오른쪽 그림 참고.

3부터 21까지 모든 홀수가 균형을 이룰 수 있음을 증명하기 위해, 13명일 경우를 그릴 필요는 없다. 3, 5, 7, 9, 11명이 균형을 이룰 수 있다면, 24-3, 24-5, 24-7, 24-9, 24-11, 그러니까 13, 15, 17, 19, 21명도 균형을 이룰 수 있어야 마땅하기 때문이다.

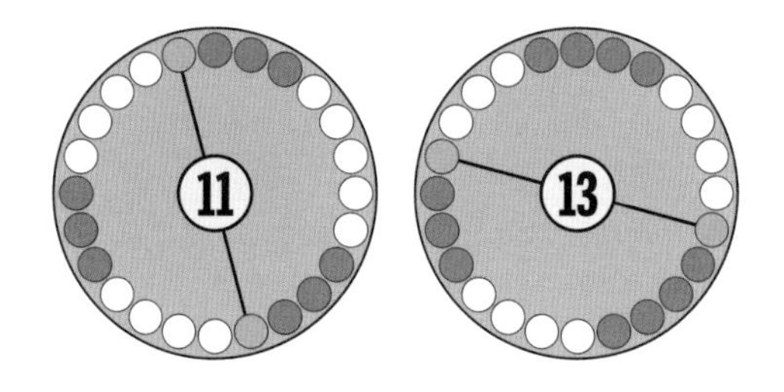

균형 잡힌 회전목마 문제는 언뜻 보면 구성 문제처럼 보일 수 있지만, 그것의 실질적 관련성은 실험실에서 샘플 분석에 사용하는 원심분리기에 있다. 샘플을 보존하기 위해서는 원심분리기가 반드시 균형을 이뤄야 한다.

A90 동전 하나 — 3회 연속

마야는 그림-숫자-숫자 조합을 선택해야 하고 그러면 7/8 확률로 이긴다. 처음 세 번 던져서 세 번 모두 숫자가 나올 때만 진다. **숫자 - 숫자 - 숫자** 조합이 될 확률은 $\left(\frac{1}{2}\right)^3 = \frac{1}{8}$이다.

두 사람이 계속해서 동전을 던지고 그 결과를 기록하면 그림 혹은 숫자 두 옵션이 계속해서 이어진다. 다섯 번을 던졌으면, 예를 들어 **그림 - 숫자 - 그림 - 그림 - 숫자**가 기록될 수 있다. 우리는 이제 (이론적으로 무한한) 이 연속에서 처음으로 **숫자 - 숫자 - 숫자**가 등장하는 자리를 찾는다.

만약 이런 조합이 시작하자마자 나오면, 막스가 이긴다. 그럴 확률은 세 번 연달아 숫자가 나올 확률과 똑같고 그것은 $\left(\frac{1}{2}\right)^3 = \frac{1}{8}$이다.

그러나 대개는 시작지점이 아니라 한참 뒤에 세 번 연달아 숫자가 나온다. **숫자 - 숫자 - 숫자** 조합이 처음으로 등장한 곳으로 가서 그 직전의 동전 던지기 결과를 보면, 이것은 그림일 수밖에 없다. 그러므로 마야는 역시 **그림 - 숫자 - 숫자**를 선택해야 한다.

세 번 연달아 숫자가 나오기 전에도 숫자가 있다면, 우리는 숫자가 세 번 연달아 처음 등장한 자리를 잘못 찾은 것이기 때문이다. **숫자 - 숫자 - 숫자** 앞에 숫자가 하나 더 있으므로. 그러므로 네 번 연달아 숫자가 나오는 조합이 있을 수 있고, 이 조합은 숫자가 세 번 연달아 나온 조합 앞에서 시작된다.

그러나 이것은 말이 안 된다. 우리는 처음으로 숫자가 연달아 세 번 나온 조합을 선택했기 때문이다.

그러므로 처음부터 연달아 세 번 숫자가 나오면 막스가 이기고, 연달아 세 번 숫자가 나오는 조합이 뒤에 처음으로 등장하면, 그 조합 앞에는 어쩔 수 없이 그림이 있다.

이 자리부터 보면 **그림 - 숫자 - 숫자 - 숫자**이고 그래서 무조건 마야가 이긴다. 마야가 선택한 조합이 **그림 - 숫자 - 숫자**이기 때문이다.

처음에 숫자가 연달아 세 번 나올 확률은 1/8이다. 그러므로 마야가 이길 확률은 $1 - \frac{1}{8} = \frac{7}{8}$ 이다.

아무튼, 마야는 수많은 사례에서 위에 설명한 것보다 훨씬 빨리 이기는데, 마야의 조합은 대개 더 일찍 등장하기 때문이다. 우리는 처음으로 숫자-숫자가 나온 부분만 찾으면 된다.

시작부터 숫자-숫자가 나오는 경우를 제외하면, 처음으로 숫자-숫자가 나온 부분에서 바로 앞은 그림일 수밖에 없다.

A91 빌어먹을 연필

연필이 여섯 자루면, 각각 세 자루씩 2층으로 정돈할 수 있다. 이때 한 층에 있는 세 자루 모두가 서로 닿는 것이 중요하다. 다음의 그림을 보라.

거의 믿을 수 없겠지만, 실제로 일곱 자루일 때도 해답이 있다.

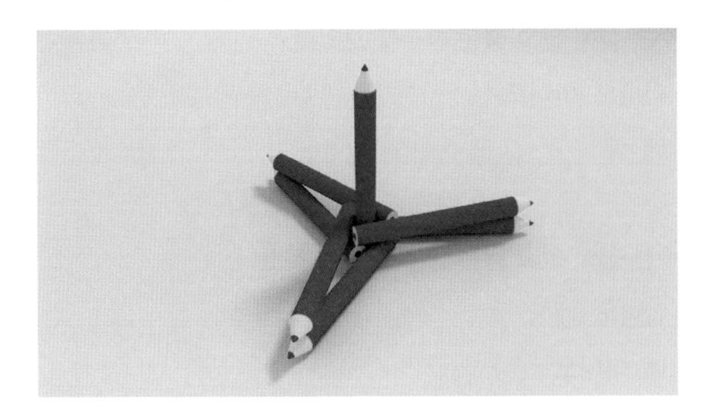

한 자루가 수직으로 서고 나머지 여섯 자루가 셋씩 2층으로 쌓여 수직으로 선 연필을 둘러싼다. 가운데의 연필을 꺼내면, 아무튼 여섯 자루일 때의 해답을 얻는다.

퀴즈 발명가 마틴 가드너가 예전에 이 퀴즈를 독자들에게 냈을 때, 일곱 자루에 대한 해답도 있다는 사실을 그는 몰랐었다. 그러나 어느 기발한 독자가 이 사실을 그에게 알려줬다.

A92 공주는 어디에?

공주는 섬에 있다. 그러나 왕은 공주를 보지 못했다.

다양한 경우의 수를 하나씩 조사하여 어떤 것이 가능한지 확인해야 한다. 정확히 세 가지 경우가 가능하다.

a) 공주는 섬에 있고 왕은 공주를 보았다.

b) 공주는 섬에 있고 왕은 공주를 보지 못했다.

c) 공주는 섬에 없고 왕은 공주를 보지 못했다.

거짓말쟁이(L)와 항상 진실만을 말하는 사람(T)이, 질문 1)과 2)에 어떻게 대답할지. 세 가지 경우를 모두 살펴보자.

a) 공주는 섬에 있고 왕은 공주를 보았다.

L : 아니오, 아니오

T : 예, 예

b) 공주는 섬에 있고 왕은 공주를 보지 못했다.

L : 아니오, 예

T : 예, 아니오

c) 공주는 섬에 없고 왕은 공주를 보지 못했다.

L : 예, 예

T : 아니오, 아니오

왕은 분명 '예, 예'라고 답하지 않았고 '아니오, 아니오'라고도 답하지 않았다. 이렇게 대답한 경우라면 a)와 c)가 모두 가능하므로 공주가 섬에 있는지 없는지 불분명하다. 왕자는 이 대답에서 공주의 행방을 추론할 수 없다.

반면, '아니오, 예'와 '예, 아니오'라고 답했다면, 공주는 섬에 있다는 뜻이다. 이는 b)의 경우만 가능하기 때문이다. 왕자는 두 대답을 듣고 결론을 내릴 수 있었으므로 b)의 경우일 수밖에 없다.

A93 탑승권 없이 탑승하기

정답은 1/2 즉 50퍼센트이다.

문제 이해를 돕기 위해, 좌석 번호순으로 비행기에 탑승한다고 가정하자. (탑승권을 잃어버린) 맨 앞의 남자는 원래 1번 좌석에 앉아야 하고, 두 번째 사람은 2번 좌석, 세 번째 사람은 3번 좌석, 그런 식으로 100번째 사람은 100

번 좌석에 앉아야 한다. 그런데 맨 앞에 섰던 남자가 100개 좌석 중에서 무작위로 하나를 고른다면 무슨 일이 벌어질까?

그는 우연히 원래 자기 좌석인 1번 좌석을 고를 수 있다. 이런 경우 아무 문제도 생기지 않는다. 뒤의 모든 99명이 자기 자리에 앉을 수 있고, 100번째 승객도 마찬가지다.

그러나 또한 이 남자는 같은 확률로 100번 좌석에 앉을 수 있다. 이 경우 마지막 승객이 탑승권에 적힌 자기 자리에 앉지 못하는 것이 이미 확정되었다.

그러나 그것으로 모두 끝난 게 아니다. 남자는 2번에서 99번 좌석 중 하나에 앉을 수도 있다. 예를 들어, 남자가 51번 좌석을 골랐다면, 2번에서 50번까지 승객은 자기 자리에 앉을 수 있다. 그러나 51번 승객은 다른 자리를 찾아야 한다. 51번 자리는 이미 탑승권을 잃어버린 남자가 차지했기 때문이다.

51번 승객은 맨 앞의 남자, 그러니까 1번 남자와 아주 비슷하게 한다. 그는 같은 확률로 1번 좌석 혹은 100번 좌석에 앉을 수 있다. 1번 좌석에 앉을 경우, 100번 승객을 포함하여 뒤에 남은 모든 승객은 원래 자기 자리에 앉고, 100번 좌석에 앉을 경우, 100번 승객은 다른 좌석을 찾아야 한다.

아니면 51번 승객이 52번에서 99번 좌석 중에서 한 자리를 선택한다. 즉, 자기보다 뒤에 섰던 승객들의 좌석 중 하나에 앉는다. 그러면 51번에게 좌석을 빼앗긴 이 승객은 정확히 1번 승객과 51번 승객이 앞에서 이미 했던 것처럼, 앉을 자리를 찾아야 한다.

그러므로 결국 1번 좌석에 앉느냐 100번 좌석에 앉느냐에 달렸다. 한 승객이 두 좌석 중 하나에 우연히 앉는 즉시, 이 이야기의 결말은 결정된다. 1번 좌석에 앉으면, 100번 승객은 자기 자리에 앉는다. 100번 좌석에 앉으면 100번 승객은 더는 자기 자리에 앉을 수 없다. 1번 좌석과 100번 좌석이 아닌 한, 탑승 동안에 승객들이 얼마나 자주 다른 사람의 좌석에 앉느냐는 아무 상관 없다.

100번 승객이 탑승했을 때의 상황은 어떨까? 선택지는 두 개뿐이다. 1번 좌석이 비었거나 100번 좌석이 비었다. 2번부터 99번 좌석에는 원래 주인 혹은 딴 사람이 앉아 있다.

좌석 선택에서 1번 좌석과 100번 좌석을 모두가 피해서가 아니라, 언제나 우연한 선택을 하므로, 1번 좌석 또는 100번 좌석이 아직 비어 있을 확률은 각각 50퍼센트이다.

참고 이 문제는 난쟁이가 빈 침대를 찾는 74번 문제와 비슷하다. 비행기 승객과의 결정적인 차이는, 난쟁이가 우연히 다른 난쟁이의 침대를 고르지, 절대 자신의 침대를 고르지 않는다는 데 있다. 반면, 비행기 승객은 원래 자기 자리에 앉아야 하는데, 그 자리가 이미 찼을 때만 우연히 선택한 자리에 앉는다.

A94 길 잃은 탐험가는 어디에 있을까?

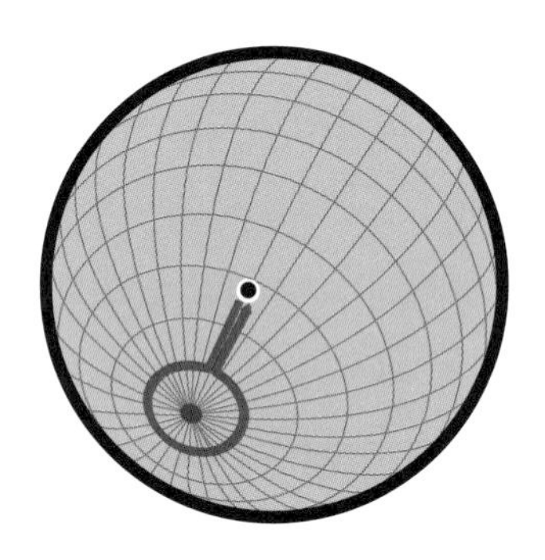

탐험가는 남극에서 몇 킬로미터 떨어진 곳에 있다. 정확한 현재 위치를 특정할 수는 없지만, 남극에서 5~5.8킬로미터 떨어진 영역 안 어디에나 다 있을 수 있다.

해설 : 탐험가는 먼저 남쪽으로 5킬로미터를 간 다음, 예를 들어 남극을 중심으로 둘레가 5킬로미터인 원을 그리며 걸었다. 이 원의 반지름은 0.8킬로미터이다. **(5/2×π=0.8)**

길 잃은 탐험가는 이 원을 한 바퀴 돌았고, 그래서 서쪽으로 5킬로미터를 걸은 뒤에, 서쪽으로 출발했던 바로 그 자리에 있다. 그런 다음 그가 북쪽으로 5킬로미터를 걸으면, 그는 맨 처음 출발지로 돌아간다. 다음의 그림을 보라.

그러나 이 원은 더 작을 수 있다. 다만, 둘레의 배수가 정확히 5킬로미터여야 한다.

예) 반지름이 위에 언급했던 수치의 10분의 1밖에 안 된다. 그러니까 0.08킬로미터이다. 이 원에서도 탐험가는 서쪽으로 5킬로미터를 걸을 수 있다. 남극을 중심으로 정확히 열 바퀴를 돌면 된다.

A95 환상적인 4

제곱수 끝자리에 올 수 있는 4의 최대 개수는 세 개다. 네 개 혹은 더 많이는 불가능하다.

제곱수 끝자리에 올 수 있는 4의 최대 개수가 세 개임을 어떻게 증명할까? 여러 방법이 있는데, 나는 다음과 같이 증명한다. 처음 수가 어떤 숫자로 끝나야 그 제곱수가 4, 44, 444 등으로 끝나는지를 살핀다. 44의 경우 마지막 두 자리에 **12, 62, 38, 88**이 오면 된다.

제곱수의 마지막 세 숫자가 444가 되려면, 처음 수는 **462, 962, 038, 538**로 끝나야 한다. 그러나 4444로 끝나는 제곱수를 찾으려는 노력은 실패로 끝났다.

이항 공식, $(x+y)^2=x^2+2xy+y^2$의 도움으로,

$(1000a+b)^2$ **제곱수가** $1{,}000{,}000a^2+1000\times2ab+b^2$임을 알 수 있다.

b가 462, 962, 038, 538 중 하나이면, 제곱수는 444로 끝나지만, 제곱수가 4444로 끝나는 자연수 a와 b는 없다. 이것을 위해 b가 될 수 있는 네 개 숫자를 각각 검사하는데, 안타깝게도 그것은 약간 번거롭다.

그러나 몇 줄로 끝내는 더 우아한 증명이 있다. 마르틴 눈네만Martin Nunnemann이라는 독자가 제안한 방법이다.

38×38=1444. 그러므로 444로 끝나는 제곱수는 존재한다.

4444로 끝나는 제곱수가 있을까? 그것은 짝수의 제곱으로 만들어져야 한다. 짝수 g는 다음과 같이 나타낼 수 있다.

$g=4i$ 혹은 $g=4i+2$ ($i=0, 1, 2, 3, \cdots$)

그러면 제곱수는 :

$(4i)^2=16i^2$ 혹은 $(4i+2)^2=16i^2+16i+4$

이 두 제곱수를 16으로 나누면 나머지가 0 혹은 4이다. **10,000=625×16** 이므로, 어떤 수를 16으로 나눌 때 나머지가 무엇인지를 결정하는 것은 그 수의 마지막 네 자리다.

4444를 16으로 나누면 나머지가 12이다. 그러나 우리가 위에서 증명했듯이, 짝수의 제곱수는 나머지가 0 혹은 4이다. 그러므로 4444로 끝나는 제곱수는 없다.

A96 삼각형 과녁

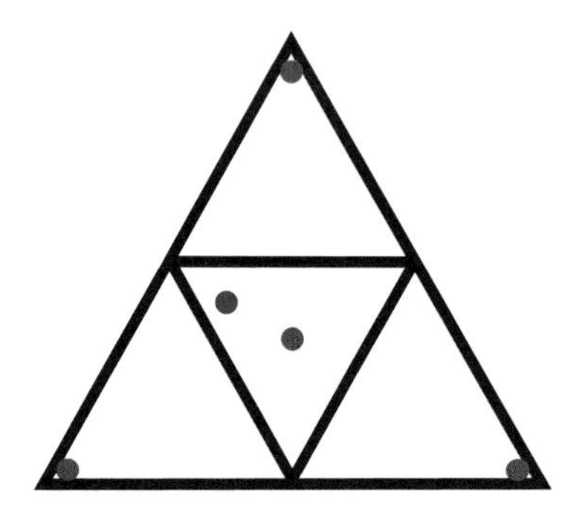

풀이를 위해 이른바 '비둘기집 원리'를 이용한다. 한 변의 길이가 10센티미터인 정삼각형을, 한 변의 길이가 5센티미터인 정삼각형 네 개로 나눈다.

다음의 그림을 참고하라.

삼각형 네 개에 모두 다섯 발을 쐈으므로, 한 삼각형에 적어도 두 발이 있어야 한다. 같은 삼각형 안에 있는 두 점의 간격은 5센티미터를 넘지 못한다. (한 변의 길이가 5센티미터이므로!) 증명 끝.

A97 아이들이 이름을 비교한다

칠판에 적힌 숫자가 무엇을 뜻하는지부터 보자. 예를 들어 그곳에 10이 적혀있으면, 이것은 자기와 이름 혹은 성이 같은 학급 친구가 10명인 학생이 있다는 뜻이다. 그러니까 이 이름 혹은 성을 가진 학생이 열한 명이다. 열한 명 모두가 칠판에 10을 썼다. 그러니까 칠판에는 10이 열한 번 적힌다.

마찬가지로, 9는 칠판에 열 번 적힌다. 9를 적은 학생이 열 명이니까.

8은 아홉 번, 7은 여덟 번 ... 1은 두 번 칠판에 적히고, 끝으로 0은 최소한 한 번 적힌다.

그러므로 칠판에는 적어도 숫자가 66개 적힌다.

$11+10+9+8+\cdots+2+1=11\times12/2=66$

우리는 그곳에 정확히 66개 숫자가 있음을 알기 때문에(학생이 33명뿐이므로), 66개 숫자를 이미 안다는 결론이 나온다. 정확히 0이 하나, 1이 두 개, 2가 세 개, 3이 네 개... 10이 열한 개 칠판에 적혀있다.

그러나 우리는 이름이 같은지 성이 같은지 혹은 둘 다 같은지 모른다. 그리고 그것은 1부터 11까지 모두에 해당한다.

1부터 11까지 다양한 숫자 중, n은 이름과 11-n은 성과 관련이 있다고 가정하자. 그러면 이 학급에는 다양한 이름 n개와 다양한 성 11-n개가 있다.

그러므로 이름과 성은 **$n\times(11-n)$**개의 다양한 조합이 가능하다. n이 0과 11 사이에 있으므로, 곱셈의 값은 최대 30이다**($n=5$ 혹은 $n=6$)**.

그러나 학급 학생은 33명이므로, 이름과 성이 모두 똑같은 학생이 적어도 세 명이 있어야 한다.

A98 형제자매 문제

마르티나의 아들이 두 명일 확률은 1/3이다. 슈테파니의 경우 놀랍게도 다른 결과가 나온다. 13/27.

먼저 마르티나를 보자. 언뜻, 확률이 1/2이라고 생각할 수 있다. 만약 형이 아들임을 안다면, 그것이 맞을 것이다. 그러면 동생은 50퍼센트 확률로 아들이거나 딸이다.

그러나 마르티나의 아들이(아들이 한 명뿐이라면) 큰아이인지 작은아이인지 우리는 모른다. 우리가 아는 것은 오직, 마르티나에게 아들이 적어도 한 명 있다는 것뿐이다. 그러니까 (작은아이인지 큰아이인지) 두 경우 모두 가능하다. 그래서 두 경우 모두를 살펴봐야 한다.

아이가 둘일 경우 다음과 같이 네 가지 성별 조합이 가능하고, 모두 확률이 같다. 앞에 적은 아이가 첫째이다.

- 아들, 아들

- 아들, 딸

- 딸, 아들

- 딸, 딸

딸만 둘인 네 번째 경우는 빼야 하는데, 마르티나에게 아들이 적어도 한 명 있다는 것을 우리가 알기 때문이다. 확률이 똑같은 세 가지 경우가 남는다. 그러나 첫 번째 경우에서만 아들이 둘이다. 그러므로 확률은 1/3이다!

슈테파니의 경우는 더 복잡하다. 타냐 코바노바Tanya Khovanova 혹은 줄리 레마이어Julie Rehmeyer의 몇몇 과학책에 소개되었고, 심지어 위키백과에도 등장하는 이른바 '소년 혹은 소녀의 역설'을 다룬다. 여기에 내가 제시한 해답 13/27은 특정 조건 아래에서만 맞다. 우리가 슈테파니의 아이들에 대한 정보를 어떤 방식으로 얻느냐가 결정적이다.

만약 우리가 두 아이의 엄마를 무작위로 골라, "화요일에 태어난 아들이 적어도 한 명 있습니까?"라고 묻고 여기에 '예'라고 답한다면, 결과는 13/27일 수밖에 없다.

분석해 보자. 첫째는 딸이거나 아들일 수 있고, 둘째 역시 (둘 다 딸이 아닌 이상) 딸이거나 아들일 수 있다. 또한, 두 아이 각각이 똑같은 확률로 일곱 요일 중 하루에 태어났다.

아래의 표가 두 아이와 그들이 태어날 수 있는 요일의 모든 가능한 경우의 수를 보여준다. 상단에는 첫째 아이의 특징이 있다. 이때 아들-월요일 혹은 딸-금요일처럼 총 열네 가지 가능성이 있다. 좌측에는 둘째 아이의 열네 가지 가능성이 있다. 별다른 조건이 없다면, 두 형제자매의 경우의 수는 196개이다(**14×14=196**).

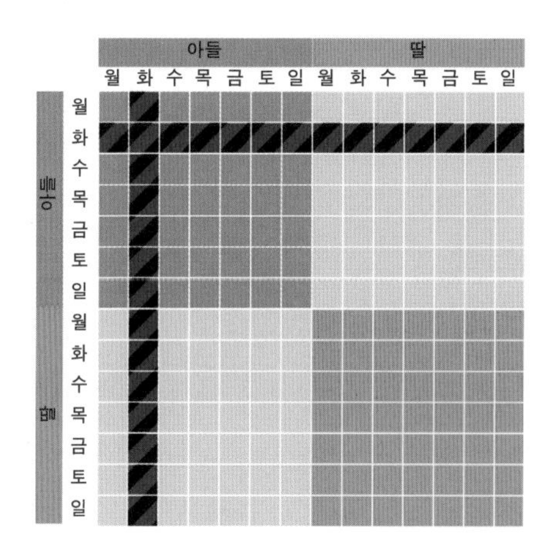

그러나 우리는 한 아이가 아들이고 화요일에 태어났음을 안다. 그러므로 경우의 수는 27가지뿐이다(**13+14=27**). 표에서 색칠된 부분이 27가지 경우다. 27개 조합 각각이 문제의 조건을 충족한다. 27개 모두 같은 확률이다. 그러나 그중 13개(**6+7=13**)만이, 두 아이가 모두 아들인 경우이고, 그것은 왼쪽 위의 파란색 부분이다. 그러므로 우리가 찾는 확률은 1/3이 아니라 13/27이다.

슈테파니에게 "아들이 적어도 한 명 있습니까?"라고 물으면, 상황은 달라진다.

"예"라고 답하면, 그 아들이 태어난 요일을 묻는다. 아들이 둘일 경우, 슈테파니는 그냥 먼저 떠오른 한 아들의 태어난 요일을 말할 것이다.

슈테파니가 화요일이라고 대답했다면, 아들이 둘일 확률은 마르티나와 똑같이 1/3이다.

그러나 결과로 1/2도 나올 수 있다. 만약 우리가 슈테파니에게 "두 아이 중 한 명을 무작위로 고르세요. 그 아이가 화요일에 태어난 아들인가요?"라고 물을 때다. "예"라고 답한다면, 아들이 둘일 확률은 1/2이다.

A99 나누어라 그리고 지배하라

예전 왕은 최대 7탈러를 받는다. 아홉 명이 아니라 999명과 나눠 받는다면, 금화 997탈러를 받을 수 있다.

어쨌든 분배를 받으려면, 왕은 자신의 몫을 맨 처음에는 0에 둬야 한다. 여러 단계에 걸친 분배에서, 금화는 점점 더 적은 사람에게 간다. 즉, 금화를 분배받지 못하는 사람이 점점 늘어난다.

매 단계에서 지금까지 금화를 받은 사람의 절반이 아니라, 절반보다 단 한 명 적은 사람에게서 금화를 빼앗는다. 그렇게 생긴 금화를 지금까지 금화를 받은 나머지 사람에게 준다. 이들은 금화를 모두 빼앗긴 사람보다 적어도 한 명이 더 많다. 그러므로 언제나 새로운 분배에 찬성하는 사람이 더 많다.

이 모든 과정이 어떻게 작동하는지, 다음의 그림이 보여준다.

처음 상황 : 백성 아홉 명과 예전 왕이 금화를 1탈러씩 받는다.

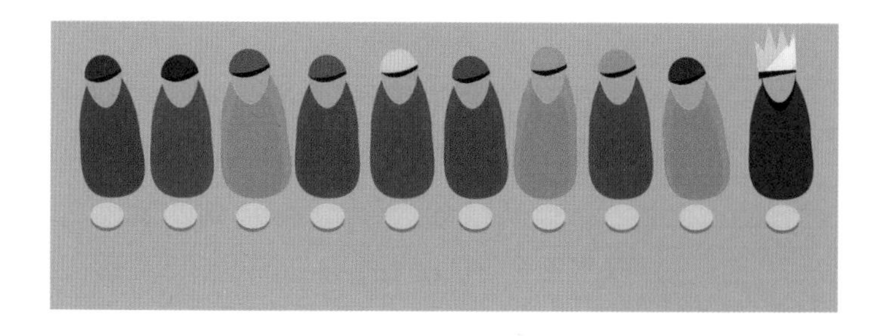

1단계 : 예전 왕과 백성 네 명이 자신의 금화를 다른 다섯 명에게 준다. 다섯 명이 금화를 더 받고 네 명은 금화를 못 받는다. 왕은 투표에 참여할 수 없으므로, 이 분배방식에 5:4 과반수가 찬성한다.

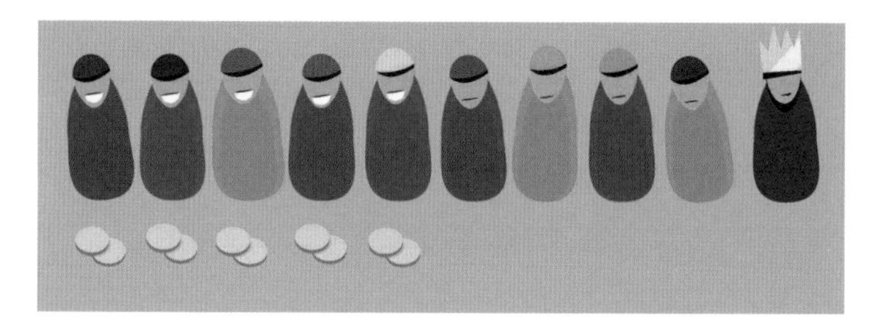

2단계 : 백성 두 명이 그들의 총 4탈러를 이미 2탈러씩 받은 나머지 세 명에게 준다. 이 분배방식 역시 3:2로 찬성하는 사람이 더 많다.

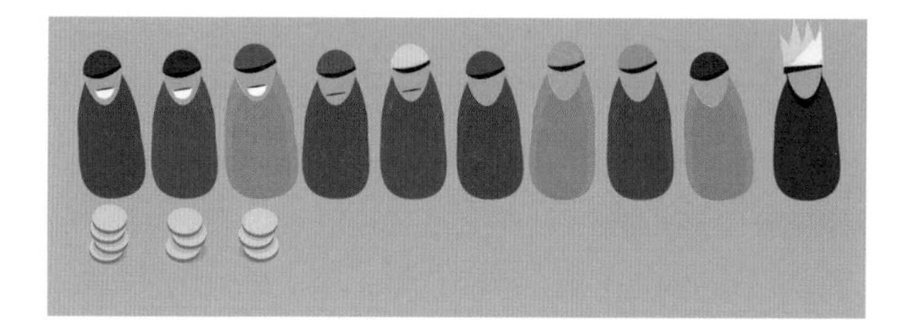

3단계 : 여전히 금화를 보유한 세 사람 중에서 한 명이 금화 전부를 다른 두 사람에게 준다. 역시 2:1로 찬성한다. 이제 두 사람이 각각 5탈러씩 갖는다.

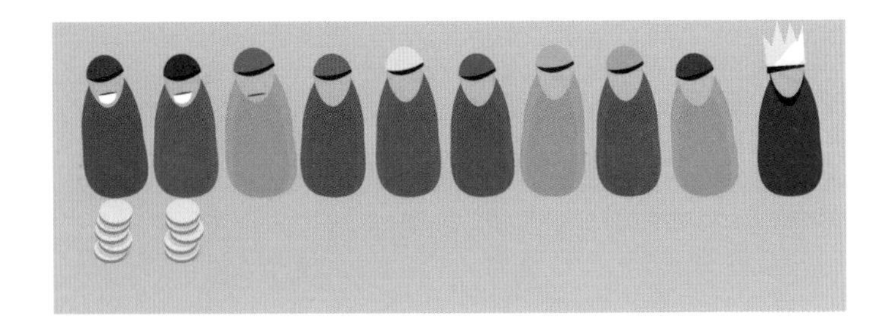

마지막 단계 : 금화를 받은 두 사람이 이제 그들의 금화를 전부 내놓는다. 7탈러는 왕에게 주고 3탈러는 그때까지 빈털터리였던 세 사람에게 준다. 이 분배 역시 3:2로 찬성한다.

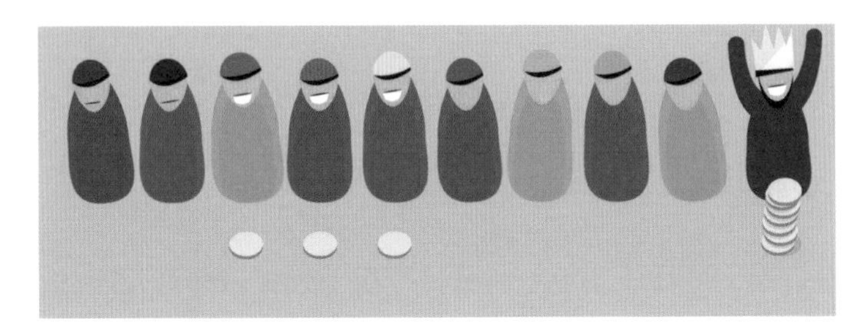

한 사람이 10탈러 전부를 갖는 것은 불가능하다. 이런 식의 분배에서는 금화가 많아지는 사람이 한 명뿐이기 때문이다.

동시에 적어도 다른 한 명은 이 분배방식에 손해를 보기 때문에(혼자 모든 금화를 차지하는 사람에게 그의 금화가 가므로), 이런 분배는 찬성표가 더 많을 수 없다. 그러므로 이런 방식은 제외다. 결과적으로, 금화는 적어도 백성 두 명에게 분배되어야만 한다.

추가 질문 : 일반화하여 가정해보자. 예전 왕과 백성이 모두 n명이고 매달 n탈러씩 받는다.

n탈러가 다양한 분배 뒤에 단 두 명에게만 지급되면, 예전 왕은 최대 n-3탈러를 확실히 받을 수 있다. 그러기 위해 n탈러 전부를 받았던 두 사람에게서 금화 전부를 빼앗아야 한다.

3탈러는 그 전에 빈털터리였던 다른 세 명에게 준다. 이 세 사람은 새로운 월급 분배에 찬성한다. 전에 n탈러 전부를 받았던 두 사람은 반대한다. 하지만 찬성이 세 표이므로 역부족이다. 그렇게 n-3탈러를 왕이 차지한다.

A100 구슬 열두 개와 저울 하나

구슬 네 개를 왼쪽 접시에, 네 개를 오른쪽 접시에 올린다. 저울은 수평을 이루거나 한쪽으로 기운다. 이 두 경우를 각각 살펴야 한다.

경우 1 : 저울이 한쪽으로 기운다. 그러면 우리가 찾는 구슬은 저울에 올려진 여덟 개 중에 있다.

왼쪽의 네 개가 오른쪽 네 개보다 무겁다고 가정하자.

먼저, 오른쪽 접시에서 세 개를 꺼낸다. (이 세 구슬과 저울에 남은 구슬을 기억하자!) 그리고 왼쪽 접시에서 세 개를 오른쪽 접시로 옮긴다. (역시 왼쪽 접시에 남은 구슬도 구분할 수 있어야 한다).

이제 처음에 저울에 올라오지 않았던 구슬 네 개 가운데 세 개를 왼쪽 접시에 올린다. 이 세 구슬의 무게는 정상임을 우리는 알고 있다.

이제 세 가지 경우가 가능하다.

경우 1.1 : 왼쪽이 더 무겁다.

왼쪽에 남겨 두었던 구슬 하나가 우리가 찾는 구슬이거나(다른 11개보다 무거운), 오른쪽에 남겨 두었던 구슬 하나가 우리가 찾는 구슬이다(다른 11개보다 가벼운). 이제 이 두 구슬을 서로 비교하면, 두 경우 중 어느 것이 맞는지 알아낼 수 있다.

경우 1.2 : 저울이 수평을 이룬다.

그러면 첫 번째 측량 때 오른쪽에 올려졌다가, 따로 꺼내 두었던 세 구슬 중 하나가 무게가 다른 구슬이다. 처음 쟀을 때 왼쪽이 더 무거웠으므로, 우리가 찾는 구슬이 다른 것들보다 더 가볍다는 것이 확인되었다. 세 번째 측량에서 우리는 따로 꺼내 두었던 세 구슬 중 두 개를 취하여 좌우에 하나씩 올린다. 한쪽이 더 가벼우면, 그것이 우리가 찾던 구슬이다. 두 개가 수평을 이루면, 올리지 않은 나머지 하나가 우리가 찾던 구슬이다.

경우 1.3 : 오른쪽이 더 무겁다.

그러면 첫 번째 측량 때 왼쪽 접시에 놓였다가 오른쪽 접시로 옮겨진 세 구슬 중 하나가 우리가 찾던 구슬이다. 그리고 이 구슬 하나가 나머지 11개보다 더 무겁다는 것도 밝혀졌다. 이제 이 세 구슬 중 두 개를 서로 비교하면 된다. 한쪽이 더 무거우면 그것이 우리가 찾던 구슬이다. 수평을 이루면 나머지 하나가 우리가 찾던 구슬이다.

경우 2 : 첫 번째 측량에서 수평을 이룬다.

그러면 우리가 찾는 구슬은, 첫 번째 측량 때 저울에 올려지지 않았던 네 구슬 중에 있다. 우리는 이 네 구슬 중 세 개를 왼쪽 빈 접시에 올리고, 오른쪽 접시에는 첫 번째 측량 때 저울에 올려졌던 여덟 개 중에서 세 개를 올린다. 이때 세 가지 경우가 가능하다.

경우 2.1 : 왼쪽이 더 무겁다.

우리가 찾는 구슬은 왼쪽에 올려진 세 구슬 중 하나이고, 그것은 나머지 11개보다 무겁다. 왼쪽의 세 구슬 중 두 개를 서로 비교하면 무게가 다른 구슬을 찾을 수 있다. 위의 비슷한 경우를 참고하라.

경우 2.2 : 오른쪽이 더 무겁다.

그러면 우리가 찾는 구슬은 왼쪽의 세 개 중 하나이고, 그것은 나머지 11개보다 가볍다. 왼쪽의 세 구슬 중 두 개를 서로 비교하면, 무게가 다른 구슬을 찾을 수 있다.

경우 2.3 : 두 번째 측량에서 저울이 수평을 이룬다.

그러면 우리가 찾는 구슬은 지금까지 단 한 번도 저울에 올려지지 않았던 구슬이다. 우리는 그것을 세 번째 측량에서 하나씩 비교하여, 그것이 더 무거운지 더 가벼운지 알아낼 수 있다.

출처 + − × ÷

2014년 10월부터 나는 주말마다 웹사이트 spiegel.de에 '이주의 퀴즈'를 게시하고 있다. 내가 온전히 혼자 발명한 퀴즈는 극히 일부다. 나는 주로 발췌하고, 적절히 바꾸고, 때때로 단순화한다. 이때 중요한 원칙은, 퀴즈가 최대한 멋져야 한다는 것이다. 말하자면, 긴 설명이 필요 없어야 하고, 단순반복 계산으로 풀려선 안 된다. 나중에 속으로 "이렇게 단순한데, 왜 나는 이런 생각을 해내지 못했을까?" 생각하게 될 정도로 해답이 우아하고 짧은 문제가 가장 이상적이다.

나는 종종 인터넷에서 퀴즈의 아이디어를 얻는다. 문제들을 모아 둔 사이트가 십여 개 있다. 좋은 영감의 원천은 수학올림피아드 혹은 수학경시대회 자료실이다. 또한, 독자들이 계속해서 흥미로운 제안들을 보내주었다.

샘 로이드, 마틴 가드너, 피터 윙클러Peter Winkler 혹은 하인리히 헴메Heinrich Hemme의 책 등, 여러 다양한 책에서도 문제를 발췌했다. 퀴즈의 원래 출처를 알아낼 수 없는 경우가 더러 있었다. 그것은 사람들이 계속해서 사용하여 저작권자를 알 수 없는 재밌는 농담과 비슷하다. 그러므로 다음의 참고문헌이 혹시 잘못 적혔더라도, 양해해 주기 바란다. 나는 내가 알고 있는 출처를 적었다.

참고문헌 + − × ÷

Albrecht Beutelspacher, Marcus Wagner: »Warum Kühe gern im Halbkreis kreisen« (72, 83)
Alex Bellos, Monday Puzzle im Guardian (46)
Aristoteles: Mechanica (51)
Bundeswettbewerb Mathematik (34, 97)
denksport-raetsel.de (4, 63)
Dierk Schleicher, Mathematiker (94)
Frank Timphus, Leser (89)
Hanns Hermann Lagemann, Trainer für Mathematik-Wettbewerbe (6)
Hans-Ulrich Mährlen, Leser (69)
Heinrich Hemme: »Das Ei des Kolumbus« (50, 59, 66)
Heinrich Hemme: »Das große Buch der mathematischen Rätsel« (78)
hirnwindungen.de (40)
Ivan Morris: »99 neunmalkluge Denkspiele« (43)
janko.at (76)
Jiri Sedlacek: »Keine Angst vor Mathematik« (67)
Johannes Wissing, Leser (87)
Jurij B. Tschernjak, Robert M. Rose: »Die Hühnchen von Minsk« (86, 22)
Karsten Fiedler, Leser (100)
Leonard Euler (27)
logisch-gedacht.de (45)
Martin Gardner (18, 20, 23, 71, 91)
Mathematik-Olympiaden e.V. (9, 28, 29, 30, 32, 95)
mathematik.ch (62, 85)
Mathematikum Gießen (90)
Mathewettbewerb Känguru (7, 31, 52, 56)
Matthias Kalbe, Leser (84)
Peter Friedrich Catel, Berliner Spielzeughändler (47)
Peter Winkler: »Mathematische Rätsel für Liebhaber« (13, 93, 99)
Peter Winkler: »Noch mehr mathematische Rätsel für Liebhaber« (75)
Raymond Smullyan: »Satan, Cantor und die Unendlichkeit« (35, 37, 42, 44, 92)
Richard Zehl: »Denken mit Spaß/Denken mit Spaß 2« (17, 73, 88)
Sam Loyd (14, 21, 64)
Suso Kraut, Leser, riddleministry.com (19)
The Riddler, Rätselsammlung auf fivethirtyeight.com (74, 77)
Varsity Math, Rätselsammlung des National Museum of Mathematics (36, 68)
Wladimir Ljuschin: »Fregattenkapitän Eins« (65)

뇌를 자극하는 새로운

수학 퀴즈 100

초판 1쇄 발행 2024년 4월 30일
지은이 ★홀거 담베크
옮긴이 ★ 배명자
펴낸이 ★ 권영주
펴낸곳 ★ 생각의집
디자인 ★ design mari
출판등록번호 ★ 제 396-2012-000215호
주소 ★ 경기도 고양시 일산서구 중앙로 1455
전화 ★ 070·7524·6122
팩스 ★ 0505·330·6133
이메일 ★ jip2013@naver.com
ISBN ★ 979-11-93443-09-5 (03400)